今井伸／著　林詠純／譯

男人必備，解決所有性事、性功能困擾

射精道

推薦序

射精之道，是為性也是為愛做的準備

姜宜妮醫師

「射精道，好陽剛的書名，果然是男人的作品。」收到寫序邀約的時候我這麼想；但開始讀書稿之後，卻深深被作者溫柔的心意感動。

作者認爲每個具有陰莖的男性都是擁有武士刀的武士，從青少年期就該了解陰莖的特性與保養陰莖的功能。就像擁有一輛車，要深入了解車的性能、檢修、並且定期保養，才能開得更長更遠。

除了維護陰莖性能，學習正確的陰莖使用知識以外，作者認爲秉持武士道中的義·勇·仁·禮，正視並妥善處理自身的性欲，與性伴侶保持和諧友好的互動，也至關重要。

同樣身爲泌尿專科醫師，每天在看診的過程都會遇到各個年齡層爲陰莖煩惱的男性朋友。

小男童和青春期的男孩子，最常見的是包莖問題，若包皮開口過緊，不易清潔龜頭，容易造成包皮龜頭炎，嚴重時會造成讓龜頭缺血壞死的嵌頓性包莖。

青春期、青壯年期的男性朋友，除了包皮問題之外，還常見自慰與射精的困擾。記得國中時的健康教育課本十四、十五章，介紹的是男性與女性的生理構造，算是性教育啟蒙，但對自慰的方式與頻次卻未提供資訊。

然而如何自慰？多久自慰一次？自慰的時候是否要忍住不射精？還是應該常常射精？自慰在各年齡層男性，就是如同吃飯、睡覺、運動、喝水一樣日常的活動，但總是蒙著一層害羞神秘的面紗。即使在泌尿專科醫師研讀的書籍當中，對自慰的著墨也相對很少。

作者結合他的泌尿專科知識、對病患的觀察和自身經驗，像個親切大哥哥一樣告訴青少男們自慰的守則，將自慰當成正式上場前的熱身練習，如同參加棒球比賽前的揮棒練習，體會「快感＋控制」。對於早洩、過度敏感和射精困難，調整自慰方式也是治療的一環，這些自慰守則對於所有男性都有珍貴的參考價值。

筆者主要的研究領域是勃起功能再生，這是熟男常見的泌尿問題。醫學上我們有愈來愈多的方法讓隨歲月疲軟的陰莖回復堅挺，如：運動、藥物、眞空負壓助勃器、人工陰莖、低能量震波和再生醫療。與古代煉丹求金槍不倒的一眾皇帝們比起來，現代男子擁有許多回春武器，然而所有治療都非一蹴可幾，陪伴患者面對治療期的各種挫折煩惱，也是泌尿專科醫師的工作之一。作者建議熟齡男性正視男性更年期與前列腺問題，與伴侶多多討論「性」，活用語言與按摩放鬆身心……

保養陰莖與射精之道，是爲性也是爲愛做的準備。祝福大家讀了這本從青春到熟齡的陰莖保養寶典，都更了解自己或伴侶，長長久久性福快樂。

（本文作者爲台大醫院泌尿部男性生殖科醫師）

推薦序

射精道，每個射精的人都需要知道

羅詩修醫師

身爲一個泌尿科醫師，很榮幸在這本書出刊之前搶先閱讀，對於一個從小性知識都是從A片裡學到的男生來說，如果今天沒有念醫學系、沒有當泌尿科醫師，我可能還是會認爲女生高潮噴水噴得滿床單、男生30公分以上的生殖器與持續一個小時的性愛是很正常的事。如同我所說，台灣民風純樸，90%以上的男生性知識都是從A片裡學到的，錯誤的性交方法，例如直升機體位、火車便當、甚至一小時以上的做愛時間都是錯誤的訊息。家裡爸媽不敢說，學校老師不敢教，另一半羞於開口，錯誤的環境衍伸出錯誤的「性」，大家羞於談論「性」，連它應該有的樣子都不知道，更別說怎麼去好好的使用我們的男性生殖器。

日本武士精神重視武士道，十年磨一劍，一出鞘必飲血，這是對精氣神的追求，是對武器的自我重視。台灣社會沒有武士，但對每個男人來說，射精道就是我們精氣神的追求，一個男人的驕傲，射精道修得好，身體就好，修身才能齊家，齊家才能治國平天下，沒有一個性福的家庭，如何心無旁騖的去出外打拚事業？

這本書從你青春期開始介紹，如何認識、如何保養、如何使用你的射精道，千里之行止於足下，沒有在你一開始的時候好好學習使用你的射精道，到了眞的該寶劍出鞘的時候，表現不如預期，你難過羞赧，對手好心安慰。美好的氣氛變得糟糕，最怕空氣突然安靜，最怕對手突然的關心，最怕性愛突然翻滾絞痛著不平息，最怕突然聽到你的射精，完美的夜晚也變得不完美。

我們都追求愛，我們都喜歡性愛，性、愛與陪伴都是與親密愛人的重要連結，但我們都只會勃起，都只會放進去另一半體內。性愛的佼佼者可能會重視氣氛、重視環境、重視另一半的每個回應、每個喘息，但生而知之者，在學習怎麼性愛之前，他已經修好他的「射精道」，精氣神都滿足，一個再高超的駕駛員，都希望有個匹配得上的機（雞）體。

身爲男人，很開心可以看到《射精道》的中文譯本，不只爸爸需要買回家給兒子看，媽媽也需要買給老公看，男人更可以買給自己的好朋友看，因爲射精道，每個射精的人都需要知道。希望它帶給我們的不只是一本書，更多的是性福美滿的家庭。

（本文作者爲臉書「泌密會客室」版主）

好評推薦

「Samurai」是許多男孩從小就充滿很多幻想的名詞，身爲泌尿科醫師的我也不例外。武士道不僅是一種職業，更是精神，作者巧妙地將「射精道」融入這個精神當中，將男人的天性淬煉成更高尚的情操，非常值得一看。

——臉書「泌密會客室」版主陳偉傑醫師

攸關性福的醫學常識，這本書都教給你了！「射精道」不只是男人的希望，更是女人的幸福！

——吳其穎（兒科醫師、YouTube頻道「蒼藍鴿的醫學天地」創辦人）

前言

「射精道」是什麼？

就生物學來看，生理男性都擁有陰莖。

我身爲泌尿科醫師，長期以來都致力於性功能障礙的治療與生殖醫療，撰寫這本書，是根據我至今爲止的見解，向所有具備陰莖的人，傳遞必須了解的性知識、倫理觀，以及正確保養陰莖的方法。本書所整理出來的智慧，能夠幫助男性保持性器官的健全，盡可能維持其功能，度過身心都充滿生命力的人生。

而本書爲了以最適切的方法傳達這些智慧，將新渡戶稻造所撰寫的《武士道》作爲思考的基礎。

武士道指的是武士階級在其職業及日常生活中所必須遵守的「道」，簡單來說就是「武士的守則」，換言之就是「居高位者所伴隨的義務（貴族義務，noblesse oblige）」。武士道是武士所追求的、必須遵守的規則，抑或是被教育的道德原則，是一種強大的行動規範，具有約束力。

雖然武士道的教誨主要於武士家族中代代相傳，但不只限於武士家族，也廣泛地滲透到庶民階級，成爲日本人的核心道德觀與理念。即使到了現代，也強烈地影響著日本人的精神性。

西元一八九九年，日本人在急速的國際化當中，逐漸失去身爲日本人的身分認同，於是新渡戶稻造以英文發表《武士道》，並掀起了世界級的熱烈迴響。

現代社會邁向男女平等化與非二元性別化，價值觀已經與《武士道》發表的時代大相徑庭。雖然我認爲這個潮流本身的方向是正確的，時代也變得更好，但總覺得在這樣的時代中，男性在發揮男性特質方面，尤其在性的活動方面受到壓抑，逐漸失去了身爲男性的身分認同。而男性的相對弱體化，以及在戀愛與性生活方面的草食化，讓我感受到危機，因此就想出了「射精道」。

「射精道」指的是天生就具有陰莖的男子，在從事伴隨著射精的性生活時所必須遵守的「道」。一言以敝之就是「男子的性行動守則」，也就是「天生具有陰莖、在性生活中使用陰莖者的行動規範」。我想出「射精道」的目的，就是爲了確立身爲擁有陰莖的性別的身分認同，並分享使用陰莖從事性行動的基本理念。

我接下來將在「射精道」中，把「武士道」所描述的武士之魂「刀」，替換成「陰莖」，穿插著身爲專科醫師的見解，告訴各位正確對待男性之魂「陰莖」的核心概念。

如鄰家大哥哥般推廣性教育

我在二〇〇一年時，開始以泌尿科醫師的身分從事性教育，主要對象是故鄉島根縣的高中男生。回顧自己的學生時代，有些煩惱或許就是因爲缺乏關於性的知識與經驗所造成的，而我之所以開始從事這樣的活動，就是希望像個鄰家大哥哥（因爲當時還很年輕）一樣，以人生前輩的身分，告訴高中生該如何解決這些煩惱，以及如何避免身心都受強烈的性欲擺佈。

如果回顧我的人生，會覺得我除了泌尿科的診療之外，也透過演講與寫作等從事關於推廣正確性知識的活動，彷彿就是必然。

我從小對人體抱持著強烈的興趣，幾乎將關於人體的兒童學習書與漫畫書（最喜歡的就是《怪醫黑傑克》）讀得滾瓜爛熟，後來隨著年齡漸長，興趣逐漸轉移到性，並且開始專注在這個領域。國高中的時候，幾乎貪得無厭地閱讀所謂的Ａ書、情色小說、少女小說、《青春之門》、渡邊淳一的小說，甚至連週刊雜誌中的性經驗談，到專爲孕婦撰寫的雜誌特輯等，舉凡關於戀愛與性的文獻（？）全都不放過。

當時連性經驗都沒有，我就已經熟知「安全期避孕法」，因此曾有不小心在危險期中出的情侶在深夜來找我商量，我還爲他們上了一堂特別講習。

後來我考進醫學系時，部分受到怪醫黑傑克的影響，原本的志願是成爲外科醫師，然而真正到了決定專科的階段，我發現自己對於性的探索欲一點也沒有減退，同時心裡也「希望從學院的角度討論性」，於是就乾脆推翻原本的志願，選擇泌尿科作爲專科。我之所以選擇泌尿科而非婦產科，是因爲我覺得自己對於同爲男性者的性方面的煩惱，能夠更加地感同身受。

以「武士道」的概念為基礎保養陰莖

我目前擔任靜岡縣濱松市聖隸濱松醫院不孕症中心的主任，主要從事生殖醫療。除了男性的性功能障礙、男性不孕症、男性更年期治療與保留癌症患者的生殖功能之外，也爲性別不一致、性別認同疾患者開設性別門診。

我透過每天的診療叮嚀那些有著性功能煩惱的患者重要事項，內容幾乎與面對才剛性啓蒙的國高中生的青春期講座一樣。我深刻地覺得自己日復一日都在重複說著同樣的事情。

其內容大致而言可以歸納爲下列三點：

①男性的性器官有正確的保養方法。

②能夠舒服地射精很重要。

③爲了保護自己與他人，在使用陰莖時必須具備高度的道德觀與倫理觀。

儘管非常粗略，只要遵循這幾個大原則，就不容易在性方面發生難以挽回的重大問題。

雖然只有簡單的三點，但我覺得現代仍有非常多人並未充分理解及實行。缺乏①與②，是射精障礙與勃起障礙的原因。至於缺乏③，則會導致與性伴侶的溝通不良，嚴重時甚至會成爲性犯罪的加害者。尤其第③點，我總是感到非常憂心。

融合武家教誨與性科學，創造出性的行動規範

我之所以想要參考一百多年前出版的《武士道》這本書，是因爲我發現自己反覆叮嚀患者的前面那三項原則，與《武士道》的教誨有著共通之處。

那就是象徵著武士（男性）之魂的刀（陰莖），必須正確保養、正確使用，而且使用時必須隨時具備正確的道德觀與倫理觀。

武士刀是強大的兇器，如果使用方式不正確，將會釀成重大悲劇。所以武士道的教誨是，爲了避免武士刀傷害自己與他人，除了充分（十全十美，沒有任何缺乏之處）學會正確的使用方式之外，也必須具備有資格使用的高度倫理觀。

如果將「刀」替換成「陰莖」，兩者的理念確實重合。

爲了盡可能發揮並維持陰莖的功能，必須確實領會正確的使用方式。而爲了避免陰莖成爲傷害性伴侶身心的兇器，使用時也必須事先培養出道德、品格，以及體貼對方的禮儀。

我認爲那些關於性的醜聞與犯罪，都是因爲缺乏這些素養。陰莖就結構而言，呈現在性行爲時插入對方體內的形狀。因此對於沒有意願的對象來說，就成爲可怕的加害工具。

換句話說，陰莖就如同武士刀，不能以我行我素或是利己的方式使用。只有確實遵守基本理念，才能走在生而爲人、生而爲男子的正確道路上。

現代的性教育，儘管傳授了男性性器官的結構與功能，卻幾乎沒有提及前面所說的三項重點，關於其理由會在第 7 章提到，總之我認爲嚴重缺乏關於陰莖的正確保養方法、如何透過自慰練習正確的射精方法，以及培養性行爲前絕對必要的心態等內容。

所以爲了彌補現代性教育所缺乏的部分，我將必要的知識與道德觀整理成「射精道」，並從十年前開始活用於性教育當中。

「射精道」源自於家訓——身為武士後代的教養

我之所以在心中將性與武士道融合成「射精道」，或許是受到自己家訓的影響。因爲我的祖父與祖母都是武士的後代，因此我從小就理所當然地被父母與祖父母教導武士應有的行爲舉止和秉性（現在回想起來，即使在當時也相當地時代錯亂）。

如果只是「打招呼要確實」「不能欺負弱者。尤其不能對比自己弱勢的人或女性動手」就算了，就連「不管多想獲得金錢或物品，都不能露出貪婪的表情（不食嗟來食）」等，也是身邊的大人從小就反覆灌輸給我的道德觀。

尤其父親那邊的祖母，這樣的傾向更是強烈。

我在小學一年級那年，曾在兩手都拿著東西時跌倒，因爲手沒辦法撐住導致額頭縫了好幾針。

然而祖母看著我額頭上的傷，不要說擔心了，甚至還安心似地說「受傷的是正面，還好啦」。雖然她的意思是，既然不是背對著逃跑，而是正面迎敵所受的傷，就不會損及名譽，然而對於年幼的我來說，總覺得有些部分無法釋懷。

我從小就體型高大，又是長子，所以父母也告誡我「吵架動口就好，絕對不能對比自己嬌小的孩子或女孩子動手」。老實遵守父母告誡的我，即使遇到不講理的人來找麻煩也不會出手，因而留下了許多不甘心的回憶。

但即便如此，我依然沒有對女孩子動手，原因就是我家即使到了現代也依然保留了武士家族的氣質，而我也忠實地遵守。

現代社會或許不太熟悉這樣的教誨，但我認爲武士道中，存在著往往被現代人遺忘、但絕對不能忘記的「武士美學」，而說得更誇張一點甚至是「身爲人類的美學」。我希望將這種武士道的精神，透過「射精道」翻譯成現代風格。

所有以陰莖從事性行為的人都是「武士」

男性所擁有的陰莖，不單純只是具備生物學功能的器官。陰莖除了男性的身體之外，也會帶給男性精神面極大的影響。早上起床時，如果陰莖變硬變大，很多男性都會覺得「今天也有精神地活著」吧？硬挺勃起的陰莖，能夠成為男性的心靈支柱。

而擁有者的道德觀與倫理觀，可能使陰莖成爲嚴重傷害對方的最糟兇器，反之陰莖也能在深刻的情愛交流之際，成爲最佳的溝通工具。

陰莖就像武士刀一樣，不能夠無視地點與對象就恣意地揮舞或傷害他人，因此我想要求所有以陰莖從事性行爲的男性都「成爲武士吧」！

我們在小時候常聽大人說「要像個男孩子」，或者「明明就是個男孩子卻……」等，但這些言論隨著時代變遷，已經變成說出口之前必須三思的話語了。現代已經認知到性別與性的多樣性，「男性必須如何如何」的思維與言論，想必經常會招致反感。我身爲開設性別門診的醫師，也認爲必須敏銳地回應隨著時代而改變的社會氛圍與價值觀。

前面提到的「以陰莖從事性行爲的人，全部都成爲武士吧！」，其意義與「像個男人吧！」並不相同。這句話的意思是，在性行爲中使用陰莖的人，能夠像武士遵循武士道的精神一樣，也遵循接下來將告訴各位的，堪稱現代版武士道的「射精道」的精神行動。

無論性伴侶是同性還是異性，這點都不會改變。以陰莖從事性交，如果缺乏對伴侶的顧慮與體貼，可能會對伴侶的身心造成無法挽回的傷害，關於這點必須注意，而且不管什麼時候都不能忘記。

至於異性之間的性行爲，也會有非預期懷孕的風險。如果伴侶是女性，就不能忘記自己射出的精液可能會使對方懷孕，自己可能成爲父親。在現代的社會，時機與環境尚未準備好的非預期懷孕，經常會使得自己與伴侶的未來變得更加困難。更何況懷孕、生產也會對女性的身體造成極大的負擔。

爲了避開這些風險，在尊重自己與對方的情況下享受至高無上的性愛，我希望各位都能牢牢記住，使用陰莖時必須具備正確的知識與道德觀、倫理觀。

而爲了加深理解，第 1 章將針對本書的思想基礎「射精道」進行整理，希望各位能夠將其視爲擁有陰莖者的精神基礎或基本理念。

接著在第 2 章到第 5 章，則整理了各個年齡層的性生活、射精生活的心理準備，以及在這段時期容易出現的性的問題與對策。只要將從青年期到中高年期的所有年齡層篇章都讀過，就能吸收醫學上陰莖功能充分發揮的正確保養方式，以及一輩子都能維持性功能的必要知識！

目錄

第4章　備孕篇

第5章　中高年篇

後記　構思十年寫出本書　236

第 1 章
為什麼
現在需要「射精道」？

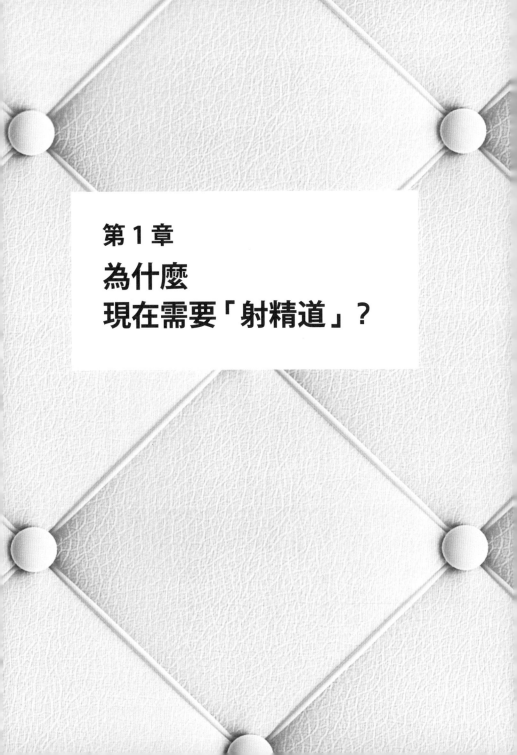

「射精道」的行動源自於知識

「射精道」是將天生具有陰莖，並在性生活中使用陰莖的男性所必須遵守的行動規範，以及保持陰莖健全、長時間維持陰莖性行爲功能歸納而成的智慧守則。

我之所以會想要歸納出射精道，是因爲我覺得現代雖然重視性的多樣化，日本男性卻並未從根本上奠定性的道德觀，而且關於男性生殖器與性生活的正確知識並未充分普及，很多人都陷入機能不全的狀態。

日本文豪森鷗外曾在《性欲的生活》中，如此描述自己強烈的性欲：「自己已經馴服並抑制了性欲之虎。（中略）然而僅止於馴服，駭人的虎威並未衰退。」這段話的意思是，性欲強烈的男性雖然必須熟練地控制自己的性欲，但這絕非易事。

我自己從青春期以來，也一直與性欲之虎對峙，深刻感受到將其馴養有多麼困難。幸運的是我並未走到犯罪的地步，而我認爲這是因爲我具備了源自於武士道的倫理觀與道德觀。

近年來隨著手機急速普及，存在於網路上的龐大性知識變得容易取得，導致缺乏性的道德觀與正確知識的男性，濫用更加容易的網路交友、盲信錯誤的性知識並依此採取行動，於是前所未見的各種問題逐漸浮上檯面。

缺乏關於性行動的道德觀，也會導致性犯罪或家庭暴力，因此問題相當嚴重。多數的性暴力，都是以力量取勝的男性對女性或是弱小的男性及兒童施暴。

實際上，強制性交與強制猥褻等性犯罪的被害者，九成以上都是女性。而根據日本法務省統計，性侵與強制猥褻的發生件數有緩慢減少的傾向（**資料1**）。

不過，也有許多女性因為羞恥，無法出面控訴自己遭到性侵害，因此報告中的案例可能只是冰山一角。日本目前有這麼多缺乏自制力、控制不了自己性欲的男性，是一件悲哀的事。

我認為造成這種情況的原因，在於日本一直以來都沒有確實教導男性關於性行為的倫理觀與道德觀，更進一步來說，就連教導這些事情的教材都沒有。如果擁有控制強烈性衝動的倫理觀，以及關於性方面的正確知識，之後的行動想必也會大幅改變。

此外，為了控制性欲，學習並習慣正確的自慰方法將成為一種有效的手段。之後將會詳述，無論是為了保持男性功能的健全，還是作為與異性從事性行為的練習，自慰都相當重要。

然而，男性也完全沒有根據正確知識學習自慰的機會。畢竟以自己的錯誤方式自

資料1　性侵・強制猥褻的發生件數及被害人口率的變化

年（西元）	性侵		強制猥褻			
			女性		男性	
	發生件數	被害人口率	發生件數	被害人口率	發生件數	被害人口率
2007	1,766	2.7	7,464	11.4	200	0.3
2008	1,590	2.4	6,954	10.6	183	0.3
2009	1,415	2.2	6,612	10.1	111	0.2
2010	1,193	2.0	6,905	10.5	163	0.3
2011	1,193	1.8	6,767	10.3	162	0.3
2012	1,266	1.9	7,144	10.9	177	0.3
2013	1,409	2.2	7,446	11.4	208	0.3
2014	1,250	1.9	7,186	11.0	214	0.3
2015	1,167	1.8	6,596	10.1	159	0.3
2016	989	1.5	5,941	9.1	247	0.4

注1　根據警察廳統計及總務省統計局的人口資料製作。
　2　「被害人口率」為人口每10萬人的發生件數（男女分開）。但性侵為女性人口每10萬人的發生件數。
　3　若一起事件有複數名被害者，則列入主要被害者。

出處：2017年版《犯罪白書》

慰所造成的弊病絕對非同小可。

舉例來說，現在有非常多的男性，因爲長年來持續以陰莖磨蹭地板、棉被或牆壁的自慰（統稱「地板自慰」，將在第2章**第8條**詳述），或是用力握著陰莖摩擦自慰，導致在性行爲時無法射精，罹患「性交射精障礙」。

此外，完全不控制射精時機，持續不斷地自慰，也會導致早洩。

而在目前的性教育第一線，即使教導學生男性性器官的構造與功能，也經常完全不提自慰，直接跳過去。我認爲這也是導致無法控制性欲、無法健全射精的男性增多的重要原因。

「了解自己」是射精道的入口

一般認爲，《武士道》重視的不是知識，而是「行動」。至於本書提倡的「射精道」，則重視關於性的正確知識，目的是在行動時充分活用這些知識。

武士道的各種知識，必須符合人生中具體的日常行動。中國的思想家王陽明，就提出知識與行動一致的「知行合一」。

因爲生而爲人的高階判斷，以及根據這些判斷採取的行動，終究源自於知識。

出生於武士家庭的男性，從小就接受嚴格的武士道教育，學習「刀」的正確使用方式以及道德觀、倫理觀。他們在使用刀之前，就已經被灌輸了必要的知識，並根據這些知識培育心態。接著終於在十五歲時成年，允許在路上隨身攜帶危險的兇器。由於在拔出「刀」這種強大的兇器時需要相當的理由與覺悟，因此也必須遵守品格與禮節。

陰莖也一樣，我認爲必須先取得維持其健全的保養方法，以及正確的使用知識，才能培育健全的心態。而這些知識一言以蔽之，就是「生而爲男性所伴隨的義務」。〈前言〉中也提過，如果說得更有學問一點，就是男性的「貴族義務」。

而不管是刀還是陰莖，共通點就在於如果使用方式偏離道德，很容易就會脫離規範，成爲兇惡的暴徒。

此外，如果缺乏關於使用方式的正確知識，或是使用方式的練習不夠充分，一旦正式上場就會不聽使喚。每天都有許多患者因爲缺乏關於陰莖與性的知識，或是無法熟練使用陰莖，而懷抱著煩惱走進我的診間。

爲了避免成爲這些迷失在性當中的人，首先必須「了解自己的性」，包含性別認同與性傾向。

而第一要務就是調和內心的「性欲」本能與自身。

各位或許會覺得「自己的性別認同很清楚啊！」不過，「像平凡人一樣結婚生子、到了四十多歲之後才發現，自己還是想要以女性的身分活下去」的案例，對於一九三〇～一九九〇年代出生的男性而言絕非少數。還有一些人因為太過在意世人眼光，即使已經隱約察覺自己的性別認同，依然選擇掩蓋，最後導致身心失衡。

性傾向也一樣，也有人在結婚之後才發現自己是同性戀。

而更多的案例是雙方尚未磨合對性的價値觀、想法及喜好等就結婚。結婚之後因爲性行爲的頻率、方式合不來，導致夫妻關係破裂，甚至離婚等，也是常有的事。單方面強迫對方接受自己偏好的性行爲方式當然不用說，但彼此處在能夠討論「自己想要什麼性愛」的關係非常重要。如果可以，最好能夠在結婚前先進行這方面的磨合。

就如同「性方面不協調」在法律上也是「婚姻難以持續的重大事由」之一，結婚的兩人之間在性方面合不合得來，就和個性合不合得來同樣重要。

認知到性傾向與性的偏好（性癖好），與自己如何生活密切相關。而確立自己在性方面的方針，包含是否要對社會或家人出櫃，也是非常重要的事情。

我總是覺得，非常多人對於這方面的認知模糊不清，卻又對此置之不理。在診間也經常從「任由對方予取予求的性愛」案例中，看見這些沒有確立性別認同與性傾向認知的人。他們對性沒有主見，因此輕易地就受到對方的欲望影響。

無論男女，這些人都因爲將性的話題視爲禁忌的社會風氣，以及缺乏可以諮詢的專家，而更有可能變得孤立、或者用自以爲的方式紓發性欲。

我想年輕時都會對自己的性別認同與性傾向懷抱著迷惘與不安，但慢慢地去摸索、了解，對於保護自己的身心也有必要性。我建議以此爲基礎，取得符合自己性別認同、性別傾向的知識，並且在獲得性伴侶時磨合彼此對性的認知。

本書的第2～5章將會詳細介紹各個年齡層必要的性知識，敬請參考。將這些知識與自己內在的性別認同、性傾向調和，就是射精道中「知行合一」的實踐。

射精道是「義」與「勇」的體現

「義」指的是生而爲人的正道、正義，被視爲「武士道」中最嚴格的德目，其定義是「沒有什麼比卑劣的行動、不正當的行爲舉止更加令人厭惡」。而「射精道」中的「義」，也將「卑劣的行動、不正當的行爲舉止」視爲最羞恥的行爲。

江戶時代後期的久留米藩士，同時也是尊王攘夷派的眞木保臣曾如此形容：「如果將義比喻爲身體，就是身體的骨骼。倘若沒有骨骼，不僅頭頸無法正確地安放於軀幹上，手腳也無法活動。」這段話的意思是，就算有地位、財富、學歷與才能，在喪失義的狀態下也無法正確發揮作用。

同樣地，使用陰莖時，聽從自己的性欲行動固然重要，但我認爲更重要的是遵循自己的良心。如同前述，性犯罪當然不用說，而爲了避免非預期懷孕與預防性病而做好避孕措施、或者搭配尊重伴侶身心的言行舉止都很重要。

此外，尊重自己的身體與心靈就跟尊重對方同樣重要。具體來說就是不要過於膽小，堂堂正正地依據道理向對方坦承自己的心情，該分手時就要有分手的覺悟。

爲了珍視自己與對方的心靈，採取誠摯的性愛行動，就是射精道中「見義不爲無勇也」的體現。性愛不是只在自己的腦中完成。簡單來說，認眞談戀愛就是射精道的「義」。該分手時就乾脆地放棄，並爽快地離去，即使錯了也不苦苦糾纏。

這就是貫徹「義」與實踐「勇」。懷著良心誠摯地對待對方，分手時瀟灑地離開。基本上只要遵守這項原則，在性愛方面就應該不會有什麼大問題。

在「義・勇・仁・禮」的喪失下走向無性社會

最近的男性對於性方面活動有變得消極的傾向，甚至還誕生了「草食系男子」這樣的名詞，但我認爲他們與其說是性欲低落，還不如說是因爲過度害怕自己受到傷害而無法付諸行動。

同時，許多男性往往都省略了能夠發展出性關係的戀愛過程，而我想這也成爲無法成就性愛的原因。

這代表什麼意思呢？接下來爲大家介紹一個能夠清楚解釋的調查（**資料2**）。

根據日本家庭計畫協會所進行的「二〇二〇日本性行爲調查」，二十～六十九歲男性約八成回答「想要有性行爲」，但在同一項調查中，「一年以上沒有從事性行爲」的男性，卻多達全體的41.1％。換句話說，「想要有性行爲卻做不到」的男性，占了全體的半數以上。

年齡層愈高，這樣的傾向也愈顯著。加上回答每年幾次的人，三十～三十九歲的比例爲51.1％，占了約一半，到了四十～四十九歲變成57.8％，五十～五十九歲爲69.3％，分別占了六成、七成。

至於詢問「一年以上沒有性行爲的男性」沒有性行爲的期間是多久，得到的回答是「平均8.7年」。換句話說，他們在男性精力最旺盛的時期，約有長達九年的期間「想要有性行爲卻做不到」。

此外，對於「你從事性行爲的目的是什麼」這個問題，約有七成的男性回答「爲了性的歡愉」，相較之下，約有六成的女性回答「爲了表現愛情」。從這個回答中，可以清楚看到男女對於性行爲的價值觀差異。這麼一來，就不難理解爲什麼就現況而言很難發展出性關係。

「表現愛情」是驅動女性性欲的最大主因

追求性的歡愉絕非惡事，體驗至高無上的舒適性愛會讓人生變得非常豐富。不過，最理想的狀況是能夠與性伴侶分享這樣的歡愉。

武士道推崇的價值觀中有「仁」這一項。所謂的仁是一種態度，指的是尊重他人的價值觀並且體貼對方。而這樣的態度能夠讓自己的言行變得謙虛，進而產生「禮」。而禮是在社會中表現出來的「禮儀」，並發展出各式各樣的舉止規範。

換句話說，以「仁」與「禮」回應女性「希望擁有表現愛情的性行爲」的心理，

你想要有性行為嗎？

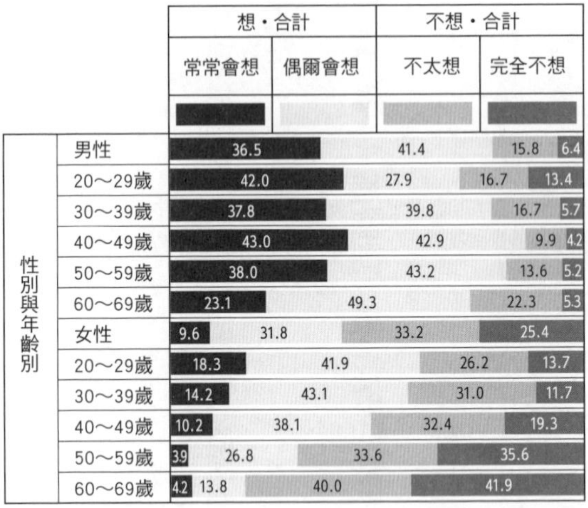

想・合計	不想・合計
77.9	22.1
69.9	30.1
77.6	22.4
85.9	14.1
81.2	18.8
72.4	27.6
41.4	58.6
60.2	39.8
57.3	42.7
48.3	51.7
30.8	69.2
18.0	82.0

Q：你想要有性行為嗎？

1年以內的性行為次數

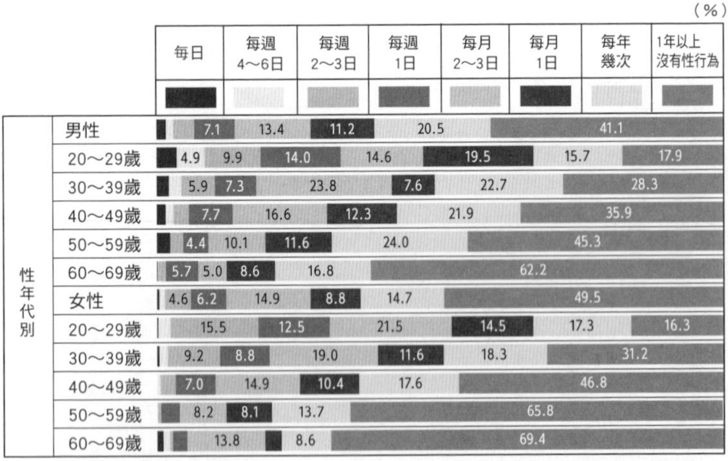

Q：不限特定對象，請提供這一年從事性行為的大致次數（對於有性經驗者的提問）

資料2　男女對於性行為的價值觀差異

性行為的目的

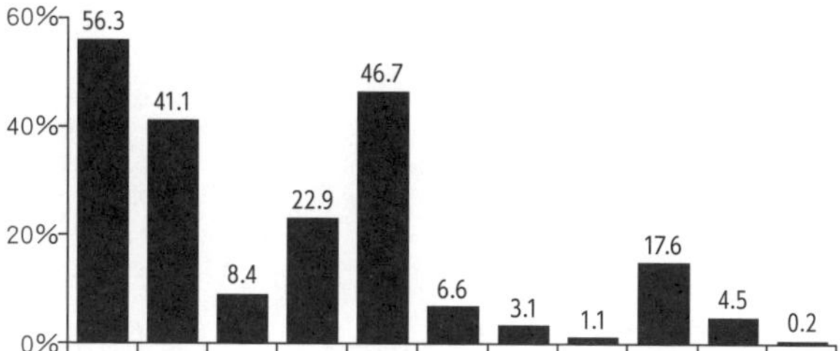

n = 30以上
■ 全體+10pt以上
□ 全體+5pt以上
□ 全體-5pt以下
■ 全體-10pt以下

		n =	為了表現愛情	為了交流（溝通）	因為能夠平靜	因為想要孩子	為了獲得性的歡愉	為了排解壓力	因為是義務	因為想要征服對方	因為對方要求	沒有特別目的	其他
全体		4,410	56.3	41.1	8.4	22.9	46.7	6.6	3.1	1.1	17.6	4.5	0.2
性別	男性	2,163	56.5	37.1	8.7	19.7	69.8	9.4	0.5	1.7	7.0	3.3	0.2
	女性	2,247	56.1	45.1	8.2	26.0	24.4	3.8	5.6	0.5	27.8	5.6	0.2
性別與年齡別	男性	2,163	56.5	37.1	8.7	19.7	69.8	9.4	0.5	1.7	7.0	3.3	0.2
	20～29歲	242	60.4	38.5	10.3	7.3	60.2	11.5	-	3.4	15.2	6.6	0.3
	30～39歲	396	46.4	37.7	8.3	20.9	70.6	10.7	0.3	1.4	8.7	3.8	-
	40～49歲	526	54.7	39.9	9.9	15.3	72.9	10.7	0.3	1.2	6.4	3.4	0.5
	50～59歲	456	59.0	33.2	8.3	20.5	70.2	9.2	0.3	1.3	3.4	2.6	-
	60～69歲	543	61.7	36.5	7.4	28.0	70.2	6.7	0.9	1.9	5.8	2.1	0.1
	女性	2,247	56.1	45.1	8.2	26.0	24.4	3.8	5.6	0.5	27.8	5.6	0.2
	20～29歲	284	66.7	37.7	8.5	20.0	31.0	6.6	4.7	1.1	29.3	4.8	-
	30～39歲	418	57.2	50.4	7.2	36.6	24.2	6.6	0.8	0.3	24.4	5.2	0.2
	40～49歲	536	49.0	48.6	5.2	19.4	32.3	3.3	6.5	0.1	24.7	8.6	0.1
	50～59歲	459	60.6	38.4	6.7	25.6	20.8	3.2	7.3	-	28.6	4.7	0.4
	60～69歲	550	53.0	46.8	12.9	28.0	16.4	1.3	7.5	0.9	32.1	3.9	0.3

Q：你從事性行為的目的是什麼？（對於有性經驗者的提問）

出處：一般社團法人日本家庭計畫協會「2020日本性行為調查」

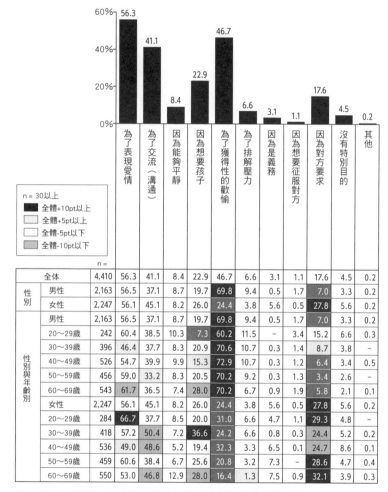

是射精道的基本理念，同時也會成爲解決無性生活的關鍵。

表現愛情的禮儀，就是採取表現愛情的言行舉止。即使自己心裡深藏愛意，對方也無從得知，因此透過言語與行動表現出來，就是對於自己性伴侶的仁，而這樣的仁就體現於禮。

我在過去的諮商當中，常聽拒絕丈夫的女性抱怨「他明明白天都板著一張臉不說話，到了晚上卻偷偷摸摸地爬進棉被裡」。由此可知，對於女性而言，日常生活中的言行舉止，也是激發性欲的一種愛撫。

在日常生活中只想著要性愛，既沒有交心的對話，也沒有親吻，甚至連牽手都沒有，就該視爲缺乏「仁」與「禮」的行爲。就女性的角度來看，提不起勁與如此對待自己的人「來一場表現愛情的性愛」也不無道理。

此外，在性行爲後沒有任何溫存就背對著對方睡去、自己射精後就結束但對方還沒滿足等，也可說是缺乏「仁」與「禮」的行爲。請培養射精道的精神，在性行爲後能夠若無其事地以臂爲枕，來一場完美的枕邊談心，成爲重視後戲的男人吧！

當然，這不只男性，女性也適用。關於女性的部分，將在第 9 章的「女性與射精道」中詳述。

年輕人將「CP值」的價值觀帶到性愛裡

此外，最近聽到年輕人說「戀愛與結婚的CP值很差」，這句話讓我很在意。他們的想法是，雖然想擁有性愛，但在發展成性愛之前必須先詢問聯絡方式、約會、追求……這麼做不但麻煩，也浪費時間與金錢。

這不禁讓我覺得，他們之所以會有這樣的想法，想必是因爲將得失與算計的價值觀帶進戀愛裡。換句話說，這句話證明了這樣的價值觀中，射精道的「義．勇．仁．禮」並不存在。

戀愛與性說起來是終極的人際關係與溝通交流。只要選到合適的對象，或許能夠迅速解決，但這與戀愛的本質相差甚遠。我想原本的性愛，正因爲有著花費時間、費盡心思爲發展成性愛做準備的心意，才能成爲豐富的行爲。

反之，有些人也可能過度小心翼翼，使得對性伴侶的禮儀流於形式。舉例來說，明明不太有興致，卻因爲對方希望而禮貌性地愛撫；或者明明不覺得舒服，卻假裝有感覺等。

如果沒有心，這樣的假裝反而失禮。新渡戶稻造曾說過，爲「禮」背書，並使其更加充實的是「誠」。換句話說，無論再怎麼在意對方，都必須注意不能說謊。

不只面對性伴侶，以「義・勇・仁・禮」誠實看待自己的性欲也同樣重要，其中的平衡感與調配必須仔細斟酌。

第 2 章
青春期篇

青春期——獲得「射精技術」的時期

本章以十多歲，第二性徵期前後的國高中男生必須了解的性知識爲主進行解說。

首先，對於這段時期的男性而言，最重要的是進行正確的自慰，因爲這是獲得射精技術的訓練。我之所以會用「訓練」來形容，是因爲自慰是正式上場前的練習。而所謂的「正式上場」，就是有伴侶的性行爲。

從我開始投身國高中男生性教育的這二十年來，一直都建議學生自慰。因爲在這段時期先透過自慰獲得射精的技術，有許多好處，不僅對於順利進行不久之後將要面對的正式性行爲而言是必要的，也能正確抒發過剩的性欲、排解壓力等。更重要的是，自慰能夠以肯定的態度接受射精的自己。

射精指的是從尿道射出精液，是一種對於性刺激的反射。多數在青春期時發展出第二性徵的男性，都會經歷初精（初次射精）。

根據日本性教育協會在二〇一四年進行的「兒童與學生的性發展調查」，國中三年級以下的孩子約半數，早一點的孩子甚至十歲左右就會經歷初精。二〇〇二年、二〇〇五年、二〇〇八年協會也進行了同樣的調查，結果發現初精的年齡愈來愈延後，

資料3　初精與初經的變化

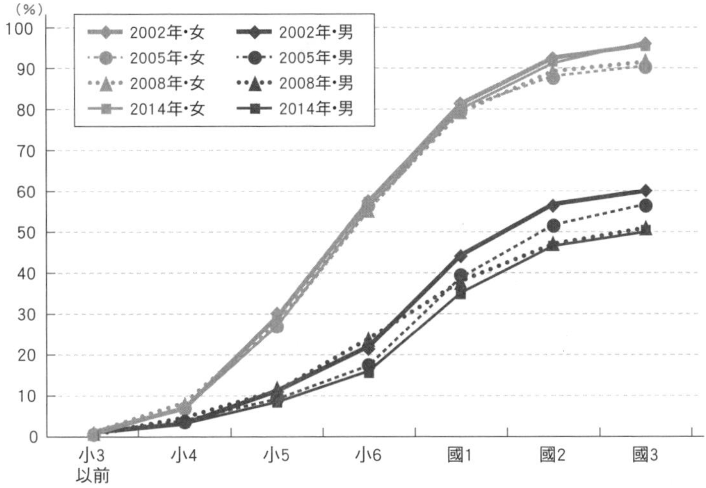

出處：日本性教育協會「兒童與學生的性發展調查」（2014年）

由此可知男孩在性方面愈來愈晚熟（**資料**3）。

有些人透過在睡著時射精的夢遺迎來初精，但也有人透過自慰經歷初次射精吧？

初精代表男性性生活的開始。男性在往後的人生中將經歷無數次射精，但憑著自己的意識射精，或者隨心所欲地射精，老實說絕對不是一件簡單的事情。

證據就是，近年來因爲無法隨心所欲地射精，導致生不出孩子的男性愈來愈多。這多半是因爲射精的經驗不足，或是沒有學會射精的技術。

所以爲了避免長大成人之後因爲

無法射精而煩惱，從第一次射精開始，就確實接受訓練，培養射精的基本技術相當重要。

當然，不只青春期的男性，學習射精的基本技術，對於射精的初學者，以及所有無法隨心所欲射精的男性都有幫助。即使到了青、壯年期，如果遇到無法順利控制射精的情況，也請務必參考本書的「青春期篇」。不管幾歲都不遲，就從今天開始吧！

青春期的射精道教條如下，接下來將依序解說。

第1條　以自慰為基本

自己進行射精的訓練，換句話說就是「自慰」，是射精道中最重要的一點，也是基本中的基本。

射精就是「排出精液」。而順利射精，也就是「舒服地將累積的精液射出」則需要訣竅。

我經常拿棒球來做比喻，而自慰帶來的射精就像是揮棒練習。正如同無法熟練地控制球棒就揮不出安打；如果無法熟練地刺激、控制陰莖，就不能舒服地射精。

換言之，請將自慰當成爲了正式上場的性愛所做的練習。既然自慰的目的是性愛，

青春期的射精道

第 1 條　以自慰為基本
第 2 條　在培養出「心・技・體」之前不做愛
第 3 條　不可造成他人的困擾
第 4 條　必須確保獨處的空間
第 5 條　摩擦時必須輕握勃起的陰莖並刺激龜頭
第 6 條　不可以骯髒的手自慰
第 7 條　自慰時最好不要以陰莖摩擦棉被或牆壁（地板自慰）
第 8 條　務必在勃起的狀態下射精
第 9 條　必須忍耐三次，第四次再射出
第 10 條　請用面紙接住射出的精液
第 11 條　一天要自慰幾次都可以
第 12 條　必須追求舒適的自慰
第 13 條　必須將隨心所欲控制射精當成目標
第 14 條　不應該持續追求強烈刺激
第 15 條　必須偶爾靠著幻想自慰
第 16 條　即使想做愛也必須先自慰（能夠冷靜下來）

那麼總是只顧著舒服地將精液射出，就培養不出足以正式上場的實力。

永遠都抱持著控制射精的意識，這點自慰相當重要。隨時不忘「快感＋控制」是一件重要的事。如果一直都進行只有「快感」的自慰，就會導致在正式上場的性愛中失敗。

回頭去看我自己的青春期也一樣，剛開始自慰的時候，無法預測何時會射精，有時精液會在自己意想不到的時候自顧自地射出來，有時也會因爲錯過時機而射不太出精液。需要半年以上的時間，才能隨心所欲地射精。

爲了能夠熟練地射精，必須反覆進行自慰這項「練習」，藉此掌握訣竅。

射精的訣竅就和跳遠類似。跳遠從助跑開始，累積助跑的「勢」，並在適當時機起跳，就能跳得很遠。同理，射精從刺激陰莖開始，即使快要射精也盡量忍耐，並在適當的時機解放，就能舒適地射出精液。如果時機不對，可能只會射出少量精液，或者即使射精了也有「揮棒落空」的感覺。

所謂「舒服的射精」，就是精液「咻」地一下子飛到很遠。

我曾聽說，以前住在宿舍的男生會大家一起比賽噴射小便，射得最遠的人就是冠軍，就自慰的訓練意義來看，這樣的遊戲實在非常合理。

所謂的「早洩」是在插入前射精，或是一插入就射精。有這種煩惱的患者，多數在自慰時，一直都是「想射的時候就立刻射出不忍耐」。這樣的自慰就無法成為性愛的訓練。

自慰是練習，連自慰都做不好的人，即使正式上場當然也不會順利。最好能在一定程度上學會憑自己的意志控制射精後，再從事性行為。

第2條 在培養出「心・技・體」之前不做愛

「心・技・體」的「心」，指的是能否擁有從事性行為所需的充分知識、一般常識與溝通能力。具備第1章的射精道所提到的「知行合一」與「義・勇・仁・禮」非常重要。

「心」是基於正確的避孕與預防性病等性知識，與性伴侶在一對一的情況下溝通無礙的能力、不流於滿足自己的欲望，尊重並成熟地對待對方，以及不造成別人的困擾。

直截了當地說，「技」就是射精的技術。如同在**第1條**中說明的，確實地透過自慰練習，等到能夠控制射精之後，才算是完成正式上場的準備。

「體」則是等到身體完全「轉大人」的意思。如果快的話，小學高年級就會開始出現第二性徵，並在國高中的時候轉變成爲大人的身體。就這層意義而言，「體」可說是「心・技・體」當中最早準備完成的條件，因此如果只看「體」，就會變成「在青春期做愛也可以」。不過根據我的評估，必須等到身高停止生長的十八歲左右，身體才算是完全轉變成熟。

如果沒有充分達成「心・技・體」這三項條件，就算年紀已經老大不小了，也最好不要從事性行爲。反之，只要確實具備這三項條件，即使未成年也稱得上是「有資格從事性行爲的成熟男子」。

我也聽過有人說「我嘗試透過做愛練習射精」，但這樣的行爲非常危險。這就像是明明還不清楚作爲兇器的刀該如何使用就上戰場，因此不難想像下場不是自己受到教訓，就是對性伴侶造成損及身心的莫大困擾。

自己腳踏實地練習之後再開始從事性行爲是基本禮貌，也是對性伴侶的尊重。請將其視爲射精道「必須遵守的道」。

第3條　不可造成他人的困擾

新聞偶爾會報導，有些人會在擁擠的電車上，將自己的精液噴灑在女性的身體、衣服、隨身物品上等，造成女性的困擾。而在公眾面前脫衣服、開始自慰、硬是強迫他人和自己性交等，當然也是必須嚴格禁止的犯罪。

雖然這些都是極端的案例，但射精時小心避免造成他人的困擾相當重要。不要亂噴精液弄髒環境、將用來接住精液的面紙確實丟掉不要擺著，都是理所當然的禮儀。

即使在家也一樣，自己將處理後的面紙丟進垃圾袋裡，避免被家人看到、讓家人幫忙丟等，都是不可缺少的體貼。

至於「只不過看到學校或打工地方的女孩子就春心蕩漾，回家之後忍不住想著那個女孩自慰」的狀況又如何呢？曾有男孩因爲這樣的狀況而懷著罪惡感來找我商量，我告訴他「只要不造成別人的困擾，就一點問題也沒有」。如果因爲太過壓抑而突然襲擊對方，反而問題更大、更危險。

想像本身是自由的，幻想（妄想）著「想做這個、想做那個」本身並不是壞事。將能夠引起性亢奮的情景烙印在腦海裡，回家之後再邊回想邊自慰，不如說是基本中的基本。此外，之後（本章的**第15條**）也會提到，在腦海中邊幻想邊自慰，對於訓練性方面的精神力也有好處，而這也是性行爲的本質。

春心蕩漾（性欲湧現）對於男性而言是非常自然的事情，我們不可能阻止這個現象。所以理解自己的性欲，並且熟練控制非常重要，而自慰就可說是其中一種非常有效的方法。

不過，如果把自慰時看的A片或A書（刊載裸體或性感照片的雜誌）拿給別人看，或是在別人面前觀看或翻閱，都是不折不扣造成別人困擾的行爲。畢竟也有人看到這些成人影片或照片會覺得不舒服。因此也需要體貼地保管在同住家人或客人等找不到的地方。

至於獨自一個人在私底下躲起來享受，就完全沒有問題。

第4條　必須確保獨處的空間

爲了安心射精、安心自慰，需要能夠獨處的環境。

這是因爲大家往往都以爲男性在勃起時，精神會處在具有攻擊性的亢奮狀態，但事實上完全相反，放鬆精神才是勃起的大前提。

人類的自律神經分成「交感神經」與「副交感神經」兩種。在工作中或是從事劇烈運動時，爲了提升身體的活動力，增加心跳數、促進血管收縮的交感神經將占優勢。

相反地，放鬆的時候，占優勢的就變成減少心跳數、幫助血管收縮的副交感神經。

在戰得正酣的緊張狀態中勃起，只會造成妨礙。所以除非處在能夠放鬆精神的環境，否則即使在性方面興奮，照理來說也無法勃起。

尤其爲了邊妄想邊自慰，需要能夠不爲其他事情分心，能夠沉浸在想像中的環境。話雖如此，在居住空間有限的都會地區，孩子沒有自己的房間想必也是常見的情況。這種時候，我建議選擇廁所或浴室。這些空間絕大多數都能鎖門，能夠獲得誰也進不來的安心感。此外，想必也有不少人在家人都安靜睡著時，躲在棉被裡偷偷自慰吧！

另外，家人都出門的時候也是難得的好機會。或許也可以把其他事先擺在一旁，趁著這個機會自慰。

第 5 條　摩擦時必須輕握勃起的陰莖並刺激龜頭

用手自慰時，請掌握「抓握的力道」與「刺激之處」這兩項重點。標準的自慰方法是，輕輕握住勃起的陰莖，將手上下移動以刺激龜頭。

用手自慰就如同前面所說的，是自己一個人就能辦到的性行爲虛擬體驗。在實際的性行爲中，透過將陰莖插入陰道內並前後移動，使整根陰莖被黏膜包覆，接受刺激。換句話說，將陰莖插入桶狀物體並將其整根包覆住，就會接近實際性行爲時的刺激狀態。

這時的重點是，抓握時務必放輕力道，絕對不能太用力，力道請勿超過實際進行性行爲時陰道給予的刺激。如果養成用力抓握、摩擦的習慣，就只會在刺激強烈時才能夠射精。

花太久時間射精稱爲「晚洩」，如果演變成重度晚洩的「性交射精障礙」，就會對實際的性行爲沒有感覺、無法射精。目前男性不孕症門診的患者中，有近半數屬於這種性交射精障礙。

而關於性交射精障礙，將在第 6 章詳述。

第 6 條　不可以骯髒的手自慰

經歷了幾年的疫情，眾人的衛生觀念大幅改善，回到家之後洗手已經完全成爲常識，而我也建議在自慰之前先洗手。因爲在我的診間中，每天都有因爲用骯髒的手用力摩擦，導致龜頭與包皮部分發炎的患者前來看診。

不只上完廁所後，摸過電腦與手機，或者在公共場所摸了扶手與門把，手上都可能殘留細菌、對皮膚有害的物質等許多髒汙。附著的髒汙量以「指尖」最爲顯著，其次則依「手背」「指間」「手掌」的順序逐漸增加。

另一方面，覆蓋龜頭的皮膚非常薄，因此在遇到髒汙時相當脆弱，而陰莖也是容易遭到細菌感染的構造。如果以沾滿髒汙或細菌的手猛烈摩擦，當然容易造成問題。

雖然不需要做到以酒精消毒手的地步，但建議在自慰之前以肥皂洗手，或是在洗完澡之後再自慰。

此外，使用市售的自慰用潤滑液時，也請在事後確實清洗乾淨。

第7條　自慰時最好不要以陰莖摩擦棉被或牆壁（地板自慰）

用陰莖摩擦棉被或牆壁等直到射精的自慰行爲，統稱「地板自慰」，這個名稱來自獨協醫科大學埼玉醫療中心的小堀善友醫師（現在是東京私人照護診所東京分院院長）。如果養成了「地板射精」的習慣，只有在這種情況下才能射精，就會導致將來性交時無法射精的「性交射精障礙」。

由於在地板自慰時，受到將陰莖壓在地板上的刺激，與實際性行爲時插入陰道的刺激相當不同。因此如果總是透過地板自慰射精，那麼將陰莖插入陰道時就無法獲得快感，導致「就算性交也不覺得舒服」。

這個過程就和**第5條**提到的，習慣以過強的力道握住陰莖而導致晚洩的情況相同。所以最好避免在自慰時以強烈的刺激、和實際性行爲不同形式的刺激等帶來性高潮。

第8條　務必在勃起的狀態下射精

男性在射精時，陰莖通常是勃起的。我想大多數的男性都只有在勃起的時候射精。話說回來，各位或許會懷疑「有辦法在不勃起的狀態下射精嗎？」實際上是可以的。典型的例子就是前面提到，在地板自慰時射精的人（地板自慰者）。多數（或許幾乎是全部）地板自慰者都是在半勃起，或是在沒有勃起的狀態下射精。

地板自慰者藉由維持龜頭摩擦物品時的舒服感來獲得快感並射精。而完全勃起時，龜頭的感覺會變得遲鈍，因此舒服感將減少。事實上，龜頭在「即將勃起」，也就是半勃起的時候會變得最敏感。

換句話說，對於「地板自慰」的人來說，摩擦地板維持半勃起的狀態最舒服，並且養成了就此射精的習慣，因此他們射精時多半是沒有勃起的狀態。

然而一旦習慣在半勃起的狀態下射精，就無法在完全勃起時射精了。半勃起的陰莖當然很難插入陰道，因此導致無法性交。而且，習慣半勃起就射精的人，會覺得「完全勃起不舒服」「在陰道裡根本沒感覺……」，問題就出在這裡。

我自已也在剛對性覺醒時，只要趴在地上就會覺得胯下很舒服，並因此而勃起，所以也不是不懂想要地板自慰的心情。但自慰終究只是正式上場（性交）前的訓練。如果以導致無法正式上場的方法進行，那就本末倒置了。

所以請養成在完全勃起的狀態下射精的習慣。

第 9 條　必須忍耐三次，第四次再射出

一次射精所射出的精液量，正常來說爲 1.5 ml 以上。

兩次射精之間相隔一天以上、在快要射精時延後射精的時間，使其完美配合精液射出的時機，就會實際感受到射出了更多的精液。

就如同憋住小便或放屁一樣，在「差一點點就要射精」的狀態下縮緊肛門，就能

在一定程度上忍著不射精。

這時候如果完全不踩煞車（不忍耐）就射精，射出的精液量會變少。而如果錯過忍耐的時機，就會導致只射出一點點，或是射出的量不上不下。至於錯過射精的時機，則可能無法如自己所願射出精液。

我都用射橡皮筋來比喻這樣的狀況。將橡皮筋勾在手指上射出時，拉橡皮筋的力道如果太小，橡皮筋就飛不遠，但如果將橡皮筋拉到最緊再放手，橡皮筋就會「咻」地飛到很遠的地方。

射精也一樣，即使快要射了，也應該努力忍耐到一定程度再一口氣射出。這時候就會是量充足、氣勢佳的舒服射精。相反地，如果不忍耐就射出來，不僅精液的量少，氣勢也不夠，伴隨射精而來的舒服感也會減半。

爲了養成舒服射精的習慣，建議「忍耐三次快射精的感覺，第四次再射出」。最好以此爲目標，透過自慰進行射精的練習。

這也是改善早洩的有效訓練。

第10條　請用面紙接住射出的精液

自慰射出的精液，當然不能到處亂噴。如果附著在地毯之類的材質上，不僅黏答答的很難清理乾淨，也會沾染特殊氣味，收拾起來相當辛苦。所以自慰前請先在手邊準備好面紙，射精時請用面紙一滴不漏全部接住。

不過，每天自慰或頻繁自慰的人，也會發生垃圾桶一下子就裝滿的問題。想必也有人不希望被父母或兄弟姊妹看到垃圾桶裝滿面紙的樣子吧？我也能夠想像。幸好在我青春期時住的是老房子，洗澡用的是「五右衛門風呂」，那是一種現在幾乎絕跡的浴缸，形狀類似大鍋子，必須在下面生火把水燒熱。我總是率先自告奮勇幫忙燒熱水，這麼一來就能把大量的面紙燒掉了（還有被發現就糟糕的考卷或講義習題等）。

不過現在已經不能這麼做，該怎麼辦才好呢？使用衛生紙代替面紙，只要將量控制在一定程度就能沖掉。如此一來就能在沒有人發現的情況下湮滅證據，因此相當推薦。

如果在廁所進行，則能夠直接用蓮蓬頭沖掉，所以收拾起來會更輕鬆。

第11條　一天要自慰幾次都可以

青春期的男孩最常來諮詢的煩惱就是「一整天都在自慰怎麼辦？」

就結論來說，一天要自慰幾次都可以。不久之前曾有「自慰過度會變笨」之類的說法，但這是沒有任何根據的錯誤資訊。自慰對於身心完全沒有不良影響，硬要說的話，頂多只有多少浪費一些時間與體力吧？

那麼反過來問，一天能夠自慰幾次呢？我自己曾經在二十四小時當中射精了七次。

我還在念書的時候，曾有一次明明作業堆積如山，卻還是想自慰想得要命。只要自慰就能冷靜下來，再度回到書桌，但過沒多久又想要自慰了……最後一整天不斷地重複這樣的循環，結果就自慰了七次。

自慰這麼多次，最後已經射不出精液，而我也發現，自己對於自慰的欲望，已經不像最初的衝動那麼強烈了。

只要射精一次，身體就能有大約一個小時沒有反應（不想要自慰），這段時間一般稱爲「聖人時間（在男子射精之後到來的，疲倦感與虛無感持續的時光）」。如果非得讀書不可，只要在這段時間讀即可。

附帶一提，「縱欲而死（因自慰過度而死亡）」也只是單純的迷信，因此請放心地自慰吧！

第12條　必須追求舒適的自慰

雖然說自慰是爲了正式上場進行性行爲的訓練，但基本上必須是愉快的行爲。儘管也有不少人在剛開始自慰時感受到悖德感與罪惡感，但請繼續自慰，不要在意。

人類是動物，遵從性欲自慰是極爲自然的行爲，不應該被任何人譴責。畢竟自慰時很舒適，自慰後也能獲得暢快的滿足感，因此基本上只有好處沒有壞處（個人的感想）。

如同**第8條**、**第9條**的說明，保持勃起的狀態，將想要射精的感覺憋到一定程度後再射出大量精液，是高潮感最強烈、最舒服的射精。

而爲了能夠舒服地射精，不可缺少日常訓練（自慰）。所以每次練習時，都請爲了能夠舒服地射精而努力吧！

第13條　必須將隨心所欲控制射精當成目標

長大成人開始有性行爲之後，就會遇到各種不同的情況。

因爲對方的喜好各不相同，有的人會要求「快點射（射精）」也有人會說「還不能射（射精）」。爲了能夠應付各式各樣的場面，必須學會在某種程度上主動控制射精的時機，包含忍耐著不射精在內。

想要達到這樣的境界，唯有不斷地想像正式上場進行練習。「射精不是一天就能學會」。長大成人之後，請以能夠信心滿滿地說出「我在做愛的時候能夠隨心所欲控制射精」的出色男性爲目標！

第14條　不應該持續追求強烈刺激

我想幾乎所有男性在自慰的時候，都會邊看 A 片邊進行。本條的「強烈刺激」，指的就是 A 片。

這裡必須注意的是，A 片原本是未滿十八歲的男孩不能看的東西。

A 片是拍給能夠分辨「這是幻想，不是現實」的成人觀看的作品。對幻想的內容信以爲眞，實踐在現實生活中的女性身上，結果惹出大麻煩的狀況也不在少數。所以就各種意義而言，未滿十八歲禁止觀看。

但現實問題是在現代網路社會，未滿十八歲也能輕易取得 A 片。因此接下來就以青少年平常自慰時也會看 A 片爲前提進行說明。

近年來，主訴性欲低落與勃起障礙的年輕人比例增加，成爲全世界的問題。推測過度觀看Ａ片就是造成這個問題的原因。

把影片當成自慰的「小菜」時，如果是像ＡＩＶ（adult image video）那種，只是穿著泳衣，刺激較少的作品，不會造成太大的問題。但如果總是觀看帶來強烈感官刺激的Ａ片，最後就只有具強烈感官刺激的影片才能激起性興奮。因此我建議最好盡可能將刺激強的作品與刺激弱的作品穿插著看。

而我具體推薦的方法是「小菜輪換」。換句話說就是從刺激弱的小菜慢慢更換成刺激強的小菜，再從刺激強的小菜換回刺激弱的小菜（**資料**4），就像每日特餐一樣。

簡而言之，維持刺激弱也能射精的狀態非常重要。

最近也推出了虛擬實境（ＶＲ）Ａ片，這樣的作品非常擬眞且刺激強烈，讓我很擔心。倘若完全迷上ＶＲ作品，說不定就會演變成不需要眞人，覺得眞實世界太麻煩等，因此必須注意。

此外，把成人動畫當成小菜時也必須小心。動畫中出現的女性，被畫成與眞人極爲不同的樣貌，譬如乳房異常地大、完全沒有體毛等，完全就是幻想的終極形態。

若是習慣這樣的形象就會產生風險，說不定會對眞人失去興趣，無法將眞實的女

資料4　「小菜輪換」示意圖

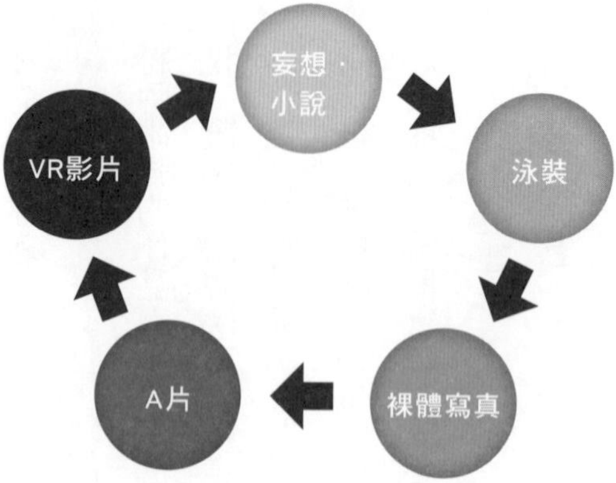

低刺激的作品與中、高刺激的作品穿插輪換，能夠預防勃起障礙與性欲低落，維持健全的性欲。

性當成性行爲對象。

我也曾有一段時間迷上成人動畫。這樣的作品具有強烈的成癮性，讓人一天想要自慰好幾次，甚至連零用錢都全部拿去買成人漫畫。

就在這段時期，某天與同好朋友一起熱烈討論著「在現實世界中談戀愛相當麻煩」，甚至還覺得「還是動畫最棒！能夠沉浸在隨心所欲的性欲裡」。然而恢復冷靜後發現自己不太妙，差一點就眞的從現實世界逃離。

而後我將成人動畫與今後在現實世界中的戀愛放在天秤的兩端比較，最後下定決心將成人動畫全部處理掉。

雖然妄想基本上是自由的，但現實世

界的兒童性愛、偷窺、猥褻、性侵等行爲，不僅會造成他人困擾，更是不折不扣的犯罪。當然，這些領域的影片都是幻想，觀看本身並沒有罪。但如果看習慣這樣的影片就有陷入價值觀錯亂的風險，覺得這樣的行爲沒什麼，不過是普通的性行爲。

因此我認爲，性經驗尚淺、道德觀尚未成熟的年輕男性，最好避免基於興趣觀看此類動畫，畢竟君子不立危牆之下。

第15條　必須偶爾靠著幻想自慰

前面提到的「小菜輪換」中，刺激最弱的是「靠幻想自慰」。偉大的性科學家海倫・辛格・卡普蘭在其著作《新性愛療法》（*New Sex Therapy*）中提到：「性由摩擦及幻想構成」，顯示了幻想在性行爲中的重要性。

實際從事性行爲時，沒有類似影片之類的小菜。當然有實際的伴侶，但如果平常總是依靠強烈的刺激自慰，就可能發生無法對眼前伴侶產生性欲的狀況。

舉例來說，總是靠成人動畫自慰的人，也可能會因爲看到眼前女性的體毛，或是因爲在意體味而冷掉。

反之，想像實際性行爲的幻想自慰，就是爲正式上場做準備的理想練習。如果幻想的對象是剛交往的女友，也會成爲第一次上床前絕佳的想像訓練吧？模擬對方的感受，思考著該如何避開對方可能會討厭的舉動、做對方應該會開心的事情等，邊想像邊自慰也頗有樂趣。

如果完全只靠幻想很難自慰，也建議閱讀情色小說。邊在自己腦中想像文章中的性行爲場景邊自慰……這樣的幻想、妄想，對於將來從事性行爲而言非常重要。關於其理由將在第 3 章說明。

現在有許多刺激強烈的免費影片，所以或許會覺得幻想自慰很難。但平常就對性保持一定程度的饑渴狀態，對於健全的性生活而言不可或缺。

第16條　即使想做愛也必須先自慰（能夠冷靜下來）

許多國高中生受到強烈的性欲驅使，不知不覺忘記考慮對方與周遭而行爲失控。也有不少人最後犯下不該犯的錯誤，或者造成對方傷害。

我之所以建議國高中的男生盡量自慰，也是爲了預防這種情形。只要射精一次就會進入前面提到的「聖人時間」，因此能夠恢復冷靜。換句話說，當性欲累積到幾乎無法考慮對方的程度時，就要先處理性欲，讓自己冷靜下來。

尤其如果在這段時期第一次交女朋友，往往就會滿腦子都是性，沒有多餘的心力考慮對方的狀況。因此在第一次約會之前先自慰，或許就能預防因性欲造成的失控。

這個方法不只對國高中生，對於大人也有效。如果覺得自己快要陷入美人計或被拉進風化場所等，幾乎抗拒不了可疑誘惑時，只要定期處理性欲，就能做出冷靜的判斷吧？

第 3 章
青年期篇

邁向正式上場的準備

第2章的「青春期篇」以自慰時的注意事項爲中心進行解說，對象是情竇初開剛學會射精的人，以及雖然過了青春期卻依然覺得射精很難控制的人。

至於第3章「青年期篇」的解說內容則不再只是自慰，還有終於交到伴侶並展開性行爲時的心態與注意事項。

青年期的射精道教條如下。

接下來將依序解說。

第1條 性交以合意為貴

這眞的是再理所當然不過的事情，因此列入第一條。

「合意性交」是以雙方都同意爲前提，所從事的性愛、調情（前戲、愛撫）等所有的性行爲，包含在雙方合意之下進行的性交與口交等，並且與發生在異性還是同性之間無關。

換句話說，所有性行爲都必須存在於雙方同意、合意這個大前提之下。

青年期的射精道

第 1 條　性交以合意為貴

第 2 條　必須熟知男女的性器官結構與性反應

第 3 條　知識能夠彌補經驗的不足

第 4 條　隨身攜帶保險套

第 5 條　必須熟知保險套的使用方法

第 6 條　A 片是幻想，不應該當成教科書

第 7 條　最好能在互相敞開心房後才從事性行為

第 8 條　最好把重點放在前戲

第 9 條　必須體貼對方，並且擁有隨時都能中斷的從容

第 10 條　隨時注意對方的反應，並且小心應對

第 11 條　請理解性事也有合與不合

第 12 條　試著以兩人同時高潮為目標

第 13 條　必須重視餘韻

第 14 條　請理解每次從事性行為時必須取得對方同意

第 15 條　施暴的男人沒有資格從事性行為

第 16 條　隨時想辦法充實「心．技．體」

多數十到二十多歲的男性，經常會產生強烈的性衝動，這是平常就對性充滿渴望的時期。這段時期的男性（有時也包含女性）懷著性幻想、做著春夢，爲尋找性伴侶而奔走。如果發現目標，就想方設法追求對方，也有人會拚了命想把對方帶回家吧？對於繁殖期的動物而言，這樣的衝動極爲理所當然。

在此先說明，性行爲分成兩種，一種發生在相愛的兩人之間，另一種則無關乎愛情有無，只是爲了滿足性欲。

採取行動時可能會意識到這樣的差別，但也可能毫無自覺也沒有意識。但只要雙方都有性欲或愛情，就有從事性行爲的可能性。

我認爲只要自己與對方都想做愛，就毫無疑問可視爲合意性交。此外，即使對方沒有想要從事性行爲的意思，也可能受制於我們的愛情或性欲，而與我們發生性關係。反之，也可能是我們受制於對方的愛情與性欲，明明沒有想做愛的意思，卻因爲喜歡對方而在「性」趣缺缺之下答應。

到此爲止，都可以視爲是在雙方的合意之下所發生的性行爲。

有問題的情況是，自己想要做愛，但對方卻沒有愛也沒有想要做愛的意思。如果在這種情況下強迫對方與自己發生性關係，那當然就不是合意性交，而是強制性交了。

這時不僅犯下「強制性交罪」，也是絕對不可原諒的行爲。借用在埼玉縣新座市的開業助產士櫻井裕子的話：「不要就是眞的不要！」

過去曾有「不要就是要」的說法，也有人擅自把這句話解釋成對方雖然嘴巴上拒絕，但其實也期望發生關係。而即使到了現代，在有關性暴力的新聞當中，也會看到加害者主張「這是合意性交」的報導。

然而加害者腦中的合意性交，對於被害者而言卻十分有可能「一點合意的意思也沒有」。就算陰道潮濕也不一定代表同意，就如同即使沒有性興奮也可能勃起。這時候防止誤會的對策就非常重要，詳情請參考**第10條**。

相同的論點還有「同意進房間就是可以發生性關係的暗示」。在某些情況下明顯是男性的誤會，但也有可能女性明明已經發出邀請，男性卻「不清楚到底同不同意，直到最後都無法出手」。

重點在於不要只靠自己腦中的想像判斷，建議仔細觀察對方的狀態，直接以口頭確認對方的意願。

面對性邀請時的反應，隨著對方的個性與經驗而異。即使對方因爲害羞而沉默，也不一定代表「內心是答應的」，對方可能擔心「現在雖然提不起興致，但如果拒絕說不定會被討厭」而感到不安。此外女性有生理期，因此也有時機不對的時候。

此外，性的接觸必須分階段進行。明明連手都沒牽過，卻突然想要強吻或推倒，對方當然會覺得驚訝或害怕。所以必須從摟肩、牽手、擁抱……循序漸進，邊仔細觀察對方的反應，邊確認對方的意願。而每個人進展的步調也各不相同。

如果再怎麼確認都無法確定，也必須懷抱著下次再來的覺悟。爲了能在這種時候乾脆、爽快地收手，平常先透過自慰在一定程度上滿足自己的性欲就很重要。如果有不受性欲擺布的餘裕，就有能夠花時間享受前面提到的每個階段的心情。

無論如何，都請把尊重對方意願的「合意性交」當成目標。

第 2 條　必須熟知男女的性器官結構與性反應

我常常覺得開車與做愛在某種意義上非常相似。許多人到了精神與肉體都接近成人的十八歲時，就會爲了考駕照而去上駕訓班，學習駕駛技術及交通規則，一旦通過考試就能正式上路。此外，早在取得駕照之前，就已經從小透過舉手過馬路、搭乘父母駕駛的車輛、自己騎自行車等，一點一滴學習交通規則。

換句話說，我們爲了開車，除了駕駛技術之外，也必須學習交通規則等與車輛有關的各種知識。了解自己的駕駛技術，掌握車輛的車寬感、零件與性能，注意交通規則與駕駛時的交通資訊，才終於能夠舒適地駕駛。或許有樣學樣的駕駛方式在某種程度上也能夠前進，但這樣的行爲非常危險，更重要的是違反法律。

駕訓班也會播放眞實描寫引發交通事故的加害者與被害者的教育影片，許多人看到因爲犯錯而導致波及他人的悲慘結果，對於酒駕或超速都會有所警惕。

沒有學習任何知識就從事性行爲，就某種意義而言伴隨著和違反交通規則類似的危險性。未經學習就正式上場，遭遇挫折是理所當然的吧？實際上說不定比開車更困難。所以必須學習與練習，並且確實建立不能失敗的心態。

具體方法就是仔細觀察、觸碰自己的陰莖，並且就如同上一章所說的，透過反覆自慰學會控制射精也非常重要。

如果伴侶是異性，則必須盡量學習關於女性身體的知識，尤其是性器官的結構與性反應。

人類的性反應循序漸進，從性欲發動開始，經過性興奮再進入性高潮。男性的性興奮指的是陰莖因充血而勃起，女性則是因骨盆腔內充血，使得陰道開始分泌潤滑液的狀態。男性的性高潮是射精，女性則是在骨盆底肌引起有節奏的收縮運動。

一般而言，男性的性反應是直線發生，女性則傾向於因情緒高漲與反覆愛撫而逐漸推進。因此在尚未做好插入準備的狀態——也就是在不夠濕的狀態下插入，也只會覺得疼痛，不會覺得舒服。此外，像Ａ片常見的那種，將好幾根手指頭放入陰道裡摩擦的行爲，通常只會使女性感到疼痛。再加上如果沒有分泌充分的陰道潤滑液，也可能導致陰道受傷。

充分理解女性的性反應屬於逐漸推進、刺激陰蒂更容易高潮，以及插入時必須分泌陰道潤滑液使陰道足夠濕潤等知識非常重要。

如果也學會月經的原理，還能夠照顧生理期的伴侶吧？

這些知識都無法從Ａ片或Ａ書中取得，建議透過專科醫師撰寫的書籍，或是專業醫學會的網站等，獲取正確的醫學知識。

此外，爲了理解女性的想法，我也推薦閱讀以女性爲對象的戀愛小說及漫畫。我在國高中時，基於想要理解女性心情的想法，讀了許多少女戀愛作品。因爲我在只有兄弟的環境中成長，完全不懂女孩子的心理與行爲模式。多虧透過那些作品大量學習，讓我多少培養出一點自信，彷彿就像從深海浮出水面一樣，能夠和女孩子進行以戀愛爲目標的對話。

我也閱讀了許多刊登在女性雜誌上的讀者戀愛體驗，讓我除了創作之外，也學了許多來自女性觀點的眞實經驗。這些體驗談中提到女性被如何對待會覺得討厭、被如何對待會感到開心等具體內容，非常實用。

我希望各位藉由各種資訊，加深對於因從事性行爲可能導致的感染、懷孕與人際關係變化等的理解，如此一來才能擁有安心、愉快的性生活。

第3條　知識能夠彌補經驗的不足

有一句名言是「性由摩擦及幻想構成」（上一章**第15條**介紹）。換句話說，接受適當的性刺激，並對這個刺激自由反應，這兩種要素加在一起，才能產生適當的性反應（舒適的性愛）。

話說回來，如果想要接受或給予適當的性刺激，就必須先知道該刺激哪裡、又該如何刺激才可能帶來舒適的感受。而選項愈多，給予對方的性刺激就會愈適當且愈有效。

這時不一定需要經驗，只要確實地預先學習，取得充分的預備知識，就能根據自己的知識，俐落地刺激對方的各個性感帶進行測試。此外，聽取對方的意見，也能學會更有效的刺激方法。

「知識能夠彌補經驗的不足」就是這個意思。

如果一直沒有具備關於男女的性器官、性反應以及性行爲的充分知識，對於性的探索與嘗試往往就會因爲猶豫而不夠積極。最後就會在不知道該做什麼、怎麼做的情況下，虎頭蛇尾地結束。這麼一來就會抱持著「性行爲也不是什麼好事……」的認知，那就太可惜了。

最常見的狀況是，不知道女性傳達性愉悅的陰蒂在哪裡，或是不知道陰蒂具有通往美好愉悅的可能性。這樣的情侶，男性往往只要一勃起就想要立刻插入，完全不理會女性在性反應週期的哪個階段就射精。

不過，我至今也看過好幾對認眞煩惱著女性爲什麼無法獲得高潮的情侶，甚至還有女性擔心自己是不是性冷感。這不全然是男性的責任，女性自己缺乏知識的情況也不少，因此必須兩人一起學習與摸索。

沒有確認對方的狀態與反應，一勃起就立刻插入、抽插、射精而後結束……站在女性的角度，這樣的性愛就只是痛苦而已。沒有溝通的性愛，只不過是豪華的自慰（雖然這樣的表現汙辱了自慰）。即便對男性來說，這也不是眞正舒適的性愛，請把這點放在心上，努力地吸收知識吧！

第4條　隨身攜帶保險套

我曾有過關於保險套的酸甜（或苦澀？）回憶。

高三那年，我與朋友一同前往放學回家時，偶爾會順道逛逛的購物商場藥局購買保險套。當時我既沒有女朋友，大學入學考也即將來臨，根本沒有買保險套的必要。

即使如此我還是去買了，理由如下。

「如果考上大學就會參加迎新會吧？去了迎新會（應該）就能交到女朋友。說不定當天就會發展到上床，這時候就必須戴保險套。我們還沒有用過（雖然有看過）保險套，使用起來似乎不太容易……既然如此，就必須趁早買來練習！」

於是，想像力豐富的我們，就買了看上的保險套，把讀書丟在一邊練習配戴。當然，練習時只用兩三個，其他的就留起來收好，準備正式上場時再用……

我和朋友做這種事情，大學沒有考上幾乎是理所當然，保險套也失去使用的時機……但我還是想要誇獎過去的自己，因爲我們儘管搞笑，卻已經確實做好面對性行爲的心理準備。

年輕男女從事性行為時，無法完全避免懷孕與性病的問題。而即使是同性之間的性行為，也免不了必須面對性病。

男性在面對這兩個問題時能夠做什麼準備呢？當然就是從事性行為時一定要戴保險套了。我希望所有還不打算生小孩的男性，都能夠宣告「沒有保險套就不做愛」。

重要的注意點是保險套必須自己購買，因為旅館裡放的或別人送的可能會破損，無法安心使用。此外，保險套有各種不同的尺寸及形狀，最好自己買來試戴，選出符合自己陰莖與喜好的款式。

如果性行為的場所不在自己家裡，就必須攜帶保險套。由於保險套怕熱，所以這時請保存在避開日光直射、溫度不會太高的環境。為了避免影響保險套的形狀，攜帶保管時最好裝在硬殼的盒子裡。雖然也有很多人會裝在皮夾裡攜帶，但這樣容易導致保險套破損，最好能夠避免。

就算女性伴侶說「我有在吃避孕藥」或「今天是安全期」，也務必使用保險套。因為我們不知道這些話是不是真的，有時可能是對方算錯，也可能會忘了吃藥，而且對方說謊的可能性也不全然是零。

除此之外，剛插入時沒有戴套，等到快要射精時再抽出戴上的情況也時有所聞，然而就避孕與性病防治而言，這是非常危險的行爲。

快要射精的時候，會從陰莖分泌「前列腺液」。分泌前列腺液的作用是保護精子。精子從尿道射出，而尿道平常是尿液通過的場所，尿液經常呈現酸性，所以尿道也偏向酸性。精子怕酸，因此會先分泌前列腺液將尿道調整成弱鹼性，做好保護精子的準備。

理論上前列腺液中不含精子，但也有部分報告顯示「前列腺液中有精子存在」。總而言之，分泌前列腺液就是即將射精的證據，因此裡面出現精子也不足爲奇。

所以爲了避開風險，還是務必在插入前就配戴保險套，不要等到途中才戴。

第5條 必須熟知保險套的使用方法

就如同前項（**第4條**）介紹，即使是三十幾年前的笨蛋高中生，也知道「爲了避免導致對方懷孕，一定要配戴保險套」「保險套能夠防止感染連尿尿都會痛不欲生的淋病」，以及「保險套好像很難戴」。

由此可知，想做愛想得要命的高中男生，就已經認知到保險套的使用法方法是必修科目。對他們而言，學會戴保險套與其說是保護對方，還不如說是保護自己所必須的生存之術。

話說回來，保險套的避孕效果到底有多高呢？據說大約是「85％」。數値之所以會這麼低，是因爲性行爲時沒有全程配戴、使用方法錯誤或是保險套破損等，否則只要確實地以正確方法使用，避孕效果就可以達到98％，換句話說幾乎是100％（尤其日本的保險套品質絕佳）。

保險套對於性病防治，譬如預防披衣菌感染與淋病等的效果也非常好，約有98％。至於疱疹與感染性的性器疣（尖圭濕疣，俗稱菜花。由人類乳突病毒〔ＨＰＶ〕引起）等皮膚間的傳染病，保險套的預防效果稍差。男性傳染給女性的情況是96％，女性傳染給男性的情況是65％。

多數情況下，患者本人與周遭相關人士，都會因爲害羞或難以啓齒，而對旁人隱瞞自己罹患性病的事實。因此很多人都會覺得性病離自己非常遙遠，與自己無關。

但根據日本的厚生勞働省調查，實際上在二〇一九年，披衣菌感染的患者人數是二七二二一人、生殖器疱疹患者是九四一三人、尖圭濕疣患者是六二六三人、淋病患者是八二〇五人、梅毒患者是六六四二人，這些性病患者的人數合計爲五七七四四人。

其中最嚴重的是梅毒的擴散。患者人數比十年前多了約十倍，本書撰寫的二〇二一年十二月，日本感染人數達到史上最多，尤其東京、大阪周邊的患者人數正快速增加。

我曾治療過罹患性病的患者，不少人都說「從來沒想過自己會中標」「我完全不知道自己的病是怎麼來的」。

雖然擁有不特定多數性伴侶會提高感染性病的風險，但即使過著極為普通的性生活，也可能因爲一次的性行爲運氣不佳就感染。希望大家能夠充分理解性病出乎意料地就存在於我們周圍，基本上需避免不戴套的性愛。

以下整理使用保險套時的注意事項：

- 將指甲剪短以免弄破保險套。
- 務必在插入前就戴上，中途才戴上就沒有意義。
- 不管女性的月經週期如何與是否服用避孕藥，都必須佩戴保險套。

關於保險套的配戴方法，請參考**資料** 5。

插入後也必須不時確認保險套是否上捲。如果配戴方法錯誤，保險套就可能因爲

資料5　保險套的配戴方法

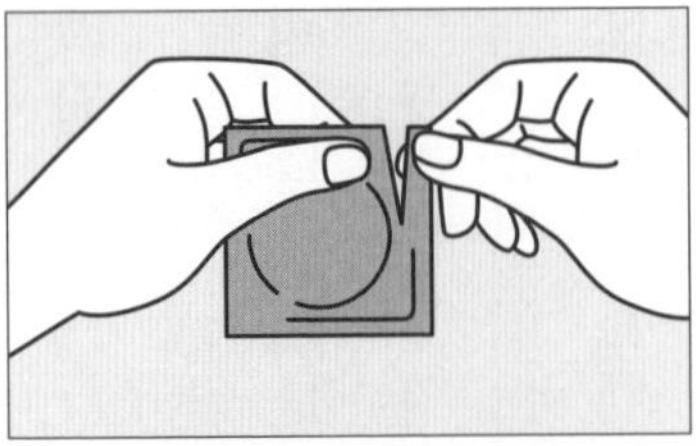

①撕開包裝時，為了避免弄破保險套，請將保險套移動到包裝的一邊，再將包裝完全撕開。

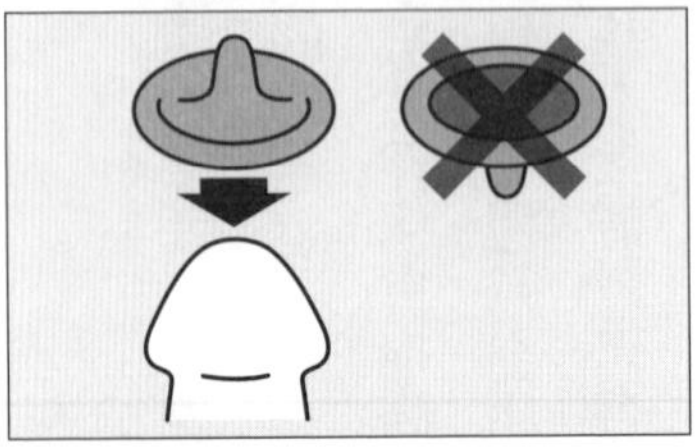

②將保險套從包裝取出，並確認正反面。前端有變細部分（儲精袋）的是正面，另一側則是反面。陰莖請接觸反面。

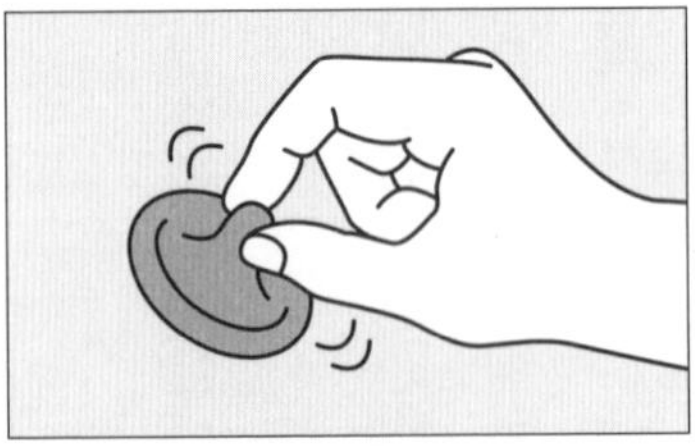

③用手指捏住儲精袋將空氣擠出，這時小心不要被指甲刮到。

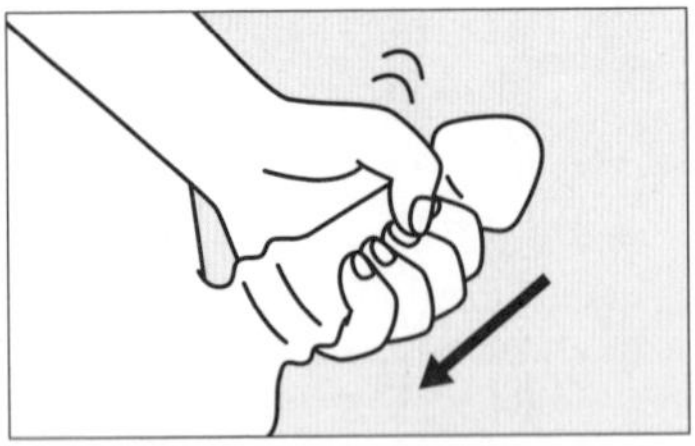

④如果包皮較鬆，請在勃起狀態下，將包皮推往根部。

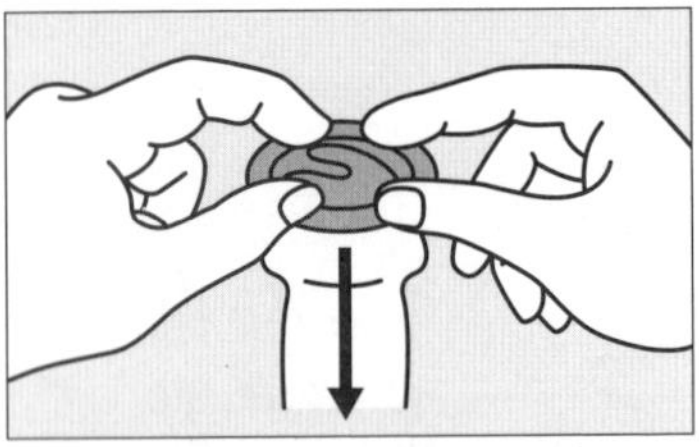

⑤將保險套套在陰莖前端後往下捲，小心不要將陰毛捲進來。

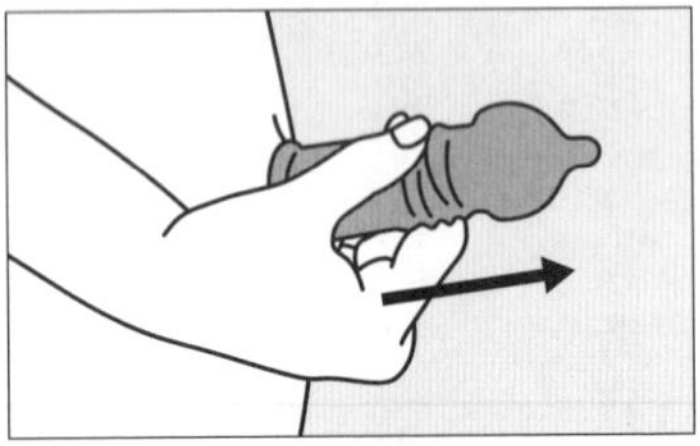

⑥將根部的保險套連著包皮一起往前端移動。

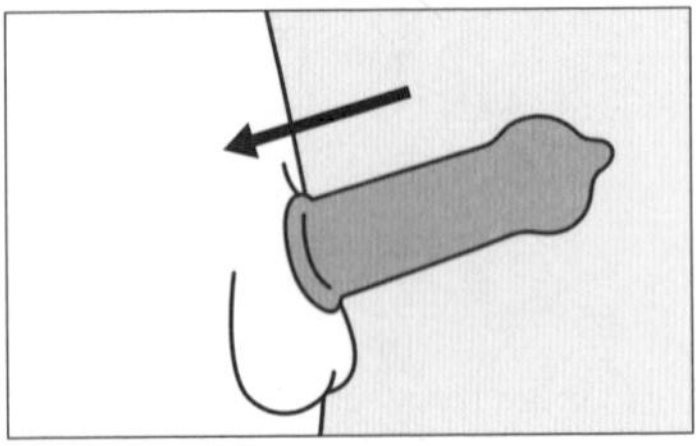

⑦如果推到根部的包皮露出，請再次將保險套往下捲。

往上捲而移動到陰莖前端並導致脫落。

此外，性行爲後取下保險套時也必須注意。陰莖在射精之後就會立刻從勃起狀態變軟，射精後請立刻用手指壓住陰莖根部的保險套，同時將陰莖抽出。

接著確認精液是否因保險套破損而外漏，並且將開口綁緊再丟到垃圾桶，以免精液漏出。使用後的保險套請當成垃圾處理，千萬不要丟進馬桶裡沖掉。

如果兩人都性欲旺盛，也可能會再進行第二次、第三次性行爲。這時最好將手部與陰部確實洗淨，戴上新的保險套後再進入第二回合。這是爲了避免附著的精液混入陰道的謹愼作法。

第6條　A片是幻想，不應該當成教科書

到此爲止，我一直強調性知識的重要性，那麼各位是如何獲取性知識的呢？

我的教科書是國中時某個炎熱的夏天所發現的一本成人雜誌（A書）。這本A書的內容由裸體寫眞、A漫、讀者的經驗分享等組成，我讀到滾瓜爛熟，書都快被我翻爛了。我原本是一張白紙，所以眞的從書上學到很多。具體學到的內容如下：

・男性在性行爲時要戴套。
・如果不避孕可能會懷孕。
・第一次從事性行爲時，通常會因爲緊張而失敗。
・女性在第一次從事性行爲時會非常痛。
・性愛必須兩人都樂在其中。
・男性一旦射精，性行爲就結束，因此必須能夠控制射精。
・而爲了能夠控制射精，自慰時必須進行忍著不射精的訓練。

第一次接觸的情色世界，充滿了許多不懂的詞彙，甚至還翻出權威辭典《廣辭苑》來查，這時學到的性愛基礎就是我的原點。當然，裡面或許也寫了一些不應該參考的內容。但因爲書中的資訊透過文字與圖片傳達，有很多選擇取捨的餘地，所以我相信讀A書絕對不是壞事。

另一方面，在電腦與手機普及的現代，自慰時的主流小菜不再是A書，而是A片。想必也有不少男性把A片當成獲取性知識的唯一資訊來源吧？

在此想要事先聲明的是，就如同前面也提過「幾乎所有的成人影片都是幻想」，就像是「給大人看的迪士尼電影」或「電視影集」。

沒有大人會因爲看了異想天開的電影作品就模仿，A片也一樣，其故事、設定、登場人物全部都是超現實的創作，不能看了就有樣學樣。理所當然的，A片主要是讓男性觀眾看了會開心的作品，內容迎合男性的願望製作，而登場人物當然也會配合這樣的內容演出。

我想要告訴那些不覺得A片是幻想的男性的主要內容如下：

・潮吹是特殊表演，平常幾乎不會看到，也不是高潮的證明。
・覺得女性也希望被猥褻或性侵，是男性自己的妄想。
・前戲比插入更重要，而親吻又比前戲更重要。
・口交並非必要（不能強行要求）。

最近也推出虛擬實境（VR）的影片，觀看時必須注意。如同前述，VR的刺激性遠比現實世界更高，如果看太多VR作品，說不定就再也無法回到現實世界。

如果想要參考A片，建議觀賞「How to Sex」類型，或是兩人相親相愛一起從事性愛的作品。

第７條　最好能在互相敞開心房後才從事性行為

如同前述，男性必須在放鬆的狀態下才能夠勃起。處在交感神經占優勢的緊張狀態時，就生理上而言是無法勃起的。在緊張的狀態下，即使開始性愛也硬不起來，因此最後將無法發展到插入，或是在無法插入的情況下就射精。

我在大學時代曾有一個朋友Ａ君，他就有這樣的煩惱。他能言善道，乍看之下很輕浮，但其實個性非常認眞。因此交了女朋友之後，即使想做愛也無法順利，到了緊要關頭時無法勃起，讓他非常煩惱。

人對於不熟悉的人事物懷著緊張感，是很自然的事。Ａ君未曾經歷過性愛，與女朋友也才剛認識，對她並不熟悉。試圖與不熟悉的對象一起挑戰未曾經歷過的大事，會緊張是理所當然。

而且年輕又性欲旺盛的Ａ君，一方面想要「儘早體驗性愛」，另一方面又覺得「爲了不讓心愛的女友討厭，必須來一場美好的性愛」，對自己施加了雙重壓力，這麼一來當然不可能順利。

Ａ君跑來找我商量，於是我試著建議他「不要一開始就想著要順利做愛，先躺在床上聊天、拉手、身體接觸，直到不會緊張爲止。」因爲我覺得首先必須和女友多聊天培養感情，同時也熟悉異性的身體。

如果是心意相通的伴侶，也會更容易傳達彼此心裡想的事情。即使第一次做愛不順利，也容易兩個人討論出下一次可以怎麼做。接著經歷過第二次、第三次的嘗試，就能逐漸達成彼此都滿足的性愛。

這就是爲什麼會有人說「與同一名對象經歷過愈多次性愛的人，技巧愈是純熟」。

Ａ君經過多次嘗試之後，成功地與女友完成第一次的性愛。比起短時間就發展到上床，花時間慢慢培養感情，最後才好不容易發展到上床的性愛，更能成爲彼此美好的回憶吧？

建立彼此身心都能放鬆的關係後再做愛，才是理想的狀態。

第8條　最好把重點放在前戲

本章**第2條**也介紹過，男性的性反應容易一直線發生，尤其是年輕男性，即使時間短、刺激少，也多半能在性交中獲得充分的滿足。但女性的性反應通常是緩慢推進，而且也需要來自外部的足夠刺激。

這種「來自外部的足夠刺激」指的是男性在插入前的愛撫，或者也稱爲「前戲」。就如同大家也知道，充分進行前戲能使陰道分泌潤滑液，幫助陰莖的插入更加順利。

尤其年輕女性多半沒有性經驗，或是經驗不多，對於性的可能性尚未完全覺醒，不清楚「自己身體的哪個部分，被怎麼樣地觸摸，才能夠引起性反應」。

這種情況下，性伴侶的對應好壞就變得很重要。仔細觀察對方的表情與動作，溫柔地對她說話，撫摸她身體的各個部分，就能拓展對方性的可能性。

話說回來，女性經常不會追求自己想要的刺激，她們可能沒有發現自己的欲望，或者往往也會覺得「把這種事情說出來或做出來很奇怪」。此外，也有許多女性害怕「說自己想要這個，想要那個，說不定會被對方討厭」「搞不好會被覺得很淫亂」。

因此，男性必須假設這種害羞的女性很多，並且去探索對方性的可能性。這麼一來，前戲必然需要足夠的時間，也必須在想像力充分運作的同時發揮感受性。

這時必須注意的是，愛撫的刺激不能太強烈。A片中常看到將手指插入陰道內激烈摩擦的情節，但這只是表演，通常並不舒服。基本上還是必須溫柔觸碰，如果對方不希望，就不能夠激烈愛撫，只要這麼想通常就不會錯。

此外，也有不少男性擅自認爲女性主動要求自己想要的刺激「很淫亂」「絕對會出軌」。請拋開刻板印象，認眞地與你的伴侶對話。

各位或許會覺得「在前戲花那麼多的時間與工夫太麻煩了！」但是看了接下來介紹的數據，就會知道前戲不足將導致什麼後果。

根據第1章介紹的，日本家族計畫協會進行的「日本性生活調查二〇二〇」，二十～四十九歲的女性約66%回答「做愛時會感到疼痛」，其中二十～二十九歲爲74.1%，三十～三十九歲爲63.5%，四十～四十九歲爲63.9%，顯示年齡愈低，疼痛比例愈高的傾向。

疼痛的性行爲滿意度當然也低，二十～二十九歲有30.7%、三十～三十九歲有34.1%，四十～四十九歲有44.8%回答「因爲疼痛而無法滿意」或是「滿意度不高」。相較於疼痛的比例，對性行爲不滿意的比例則有隨著年齡層提高的傾向，由此可知疼痛的性行爲所帶來的痛苦逐年升高（**資料**6）。

女性的性交疼痛多半源自於沒有分泌充分的陰道潤滑液。換句話說，發生疼痛是因爲強行插入不夠濕的地方。男性在插入時，看到女性叫出聲音、皺起眉頭之類的反應，會以爲她「有感覺」，殊不知這可能是忍耐痛苦的臉……

資料6　女性在性行為時的疼痛與對性行為的滿意度

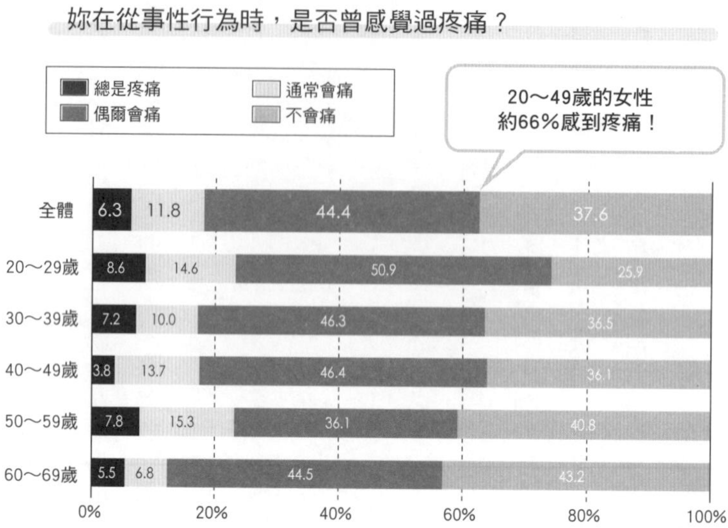

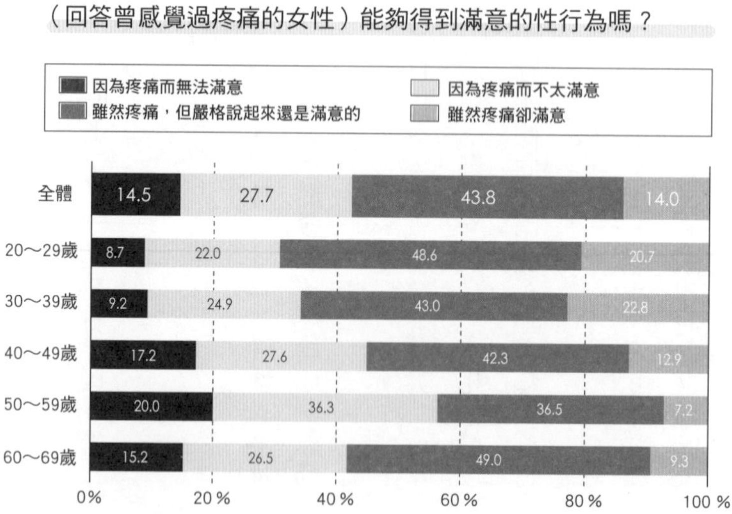

出處：一般社團法人日本家族計畫協會「日本性生活調查2020」

我想應該很少男性不管女性多痛都還是想要強行做愛，多數男性應該都希望「自己舒服，對方也舒服」。然而實際上，因爲男性的前戲太短而厭惡性行爲的女性愈來愈多。

性行爲由兩人一起進行，女性當然也有部分責任。但如同前述，多數女性很難表達性方面的要求，譬如希望對方對自己的某個部位做些什麼，尤其年輕的女性更是吧？或許因爲如此，男性很難察覺這方面的問題。

所以我建議男性將「女性的性反應是逐漸推進」「花時間進行前戲」「仔細觀察對方反應，探索可能性」當成基本方向。如果能夠在女性要求插入之前都享受前戲，就能擁有兩人都歡愉的性愛。

第 9 條　必須體貼對方，並且擁有隨時都能中斷的從容

如同前述，女性的性反應爲緩慢推進，而且也可能因爲生理週期導致身體不舒服，如果開始生理期，當然也會疼痛出血。在預定做愛當天突然開始生理期的情況也不在少數。

這時候可以乾脆地中斷。對於男性而言，隨時保有這樣的從容與體貼非常重要。

擅自繼續，硬是要「再一下下」，或者明明生理期，還纏著要插入，要求「我只放進去前面一點點」等行爲，都必須嚴加克制。

無視對方的狀態，擅自做到最後，會導致什麼後果呢？爲各位介紹我所隸屬的日本性科學會性研究會的諮商師所輔導的，某對無性夫妻的案例。前來諮商的是一位女性，她的煩惱是自己再也無法回應先生的索求。

先生對於妻子爲什麼不再答應跟自己做愛，似乎一點頭緒也沒有。不過，在諮商師的仔細詢問之下，終於發現無性生活的開端，源自於三年前的某件事。當時那位女性因爲發高燒而昏睡，先生卻窸窸窣窣摸到床上說「身體借我一下」，然後就開始插入。

因爲發高燒而全身無力的女性連抵抗的精神也沒有，所以她當時就放棄掙扎，任由先生爲所欲爲。然而從此之後，無論如何都再也無法回應先生的索求……

這對夫妻原本感情和睦，夫妻關係也沒什麼特別的問題。但僅此一次任性缺乏體貼的性愛，就深深地傷了妻子的心，導致她好幾年都對先生封閉身體與心靈。

就算是情人或夫妻，也不必然每次都需要答應對方的性愛索求。這位先生最大的問題，就是完全沒有察覺自己當時只是把妻子當成工具。

對方生病虛弱的時候，不能夠由健康的自己主動要求性愛。如果立場調換過來，你會怎麼想呢？只要想像一下應該就能明白。請揚棄「因為是女友（妻子），答應男友（先生）的性愛要求是理所當然」，或者「無論如何都要做到自己射精為止」「不做到自己滿意不罷休」之類的想法，最好抱持著「無論開始還是結束，都要先看對方的表情再決定」的態度。如果觀察對方的狀況，判斷最好中途停止，那就自己之後再打出來就好了。我想臨機應變的「肌膚相親而不射精」，才是最帥氣的行為。

第10條　隨時注意對方的反應，並且小心應對

如同前述，精蟲衝腦的男子，往往會做出有利於自己的解釋，相信以前常聽到的「不要就是要」。女孩子的眞心話，卻是「不要就是不要」，而這句話在最近也開始普及。

這時必須注意的是，有時對方說「不要」就必須撤退，但有時候對方即使說「不要」仍繼續下去才是正確作法。女孩子在不要的時候當然會說不要，但有些人就算可以，也會說「討厭」「不要」「別這樣」等，讓人搞不清楚判斷的標準（**資料**7）。尤其如果性經驗尚淺又很緊張，或許更是會一頭霧水。撤退基本上通常是正確的，如

資料7　根據對方的反應（言語・態度）進行判斷的範例

	對方的言語	對方的態度（僅供參考）
必須撤退的情況	討厭、不要、別這樣（不斷重複）	・厭惡接吻 ・拒絕脫掉衣服與內衣 ・身體僵硬 ・總之想要離遠一點 ・推開
可以繼續的情況	討厭啦、不要啦、別這樣啦（只說第一次，後來就不重複）	・接吻的時候，舌頭也纏上來 ・脫衣服與內衣時，會幫你脫得更容易 ・身體力量放鬆 ・緊緊黏著不離開 ・對方主動擁抱

果不知道該如何判斷，請直接問對方「妳眞的不要嗎？」

附帶一提，準備接吻、擁抱的時候，也必須從對方的表現，冷靜地判斷對方的想法。沉默的時候，更是必須仔細注意對方的態度。除此之外，還有可以接吻，但不能再更進一步，或是可以觸碰胸部，但是再更多就不行等。如果搞不清楚，就毫不猶豫地直接詢問確認吧！性愛必須建立在雙方的意願之上。

第11條　請理解性事也有合與不合

初嘗性事的青年期，知識經驗尚淺，也缺乏自信，所以往往會抱持著強烈的不安，覺得「自己做愛時說不定很奇怪」「一般來說應該不會這麼做吧？」也因爲這樣，即使想要來一場自己想像中的性愛，也經常因爲害怕對方覺得奇怪，或者被對方討厭而說不出口。

反之，也有人常將對性愛的想像強加於伴侶身上，要求伴侶「必須這麼做」「應該要這樣」。

然而各位要知道，一樣米養百樣人，對於性的偏好（性癖）因人而異，性愛方式也千差萬別，因爲彼此會磨合各自希望的性愛，最後再轉變成爲融合後的形式。換句話說，如果有一百對情侶，就會有一百種性愛。

經驗尚淺的時候，參考性愛指南書也無妨，但偏離指南書的情況也很常見，必須要先有這樣的認知。即使是相同的事情，也有人會開心接受，有人會覺得厭惡。就算自己做的時候出於好意，但伴侶也可能不會接受。這時候不要消沉或生氣，先觀察伴侶的狀況，有時直接問對方希望怎麼做，透過摸索尋找兩個人性愛的形式。

常有人爲了提升經驗值而頻繁更換對象。但是這麼一來，往往就會一直都不知道性的本質。與其和一百個不同的人都做愛一次，還不如和同一個人做愛一百次，更能理解什麼是性愛。所以我建議在青年期的時候不要頻繁更換對象，最好和一位伴侶長期交往。

很多事情必須透過反覆的肌膚之親才說得出口、做得出來。說出彼此的希望，互相磨合，才終於能夠加深對性愛的理解。

除此之外，也不能忘記性事也有合與不合。無論是多麼喜歡的對象，對於性的價值觀也可能大相徑庭，這時候也必須把解除伴侶關係納入選項。

第12條　試著以兩人同時高潮為目標

我們來思考一下性愛如何結束。我想多數情況下，都結束在男性射精的時候吧？因爲男性幾乎每次性愛都能獲得高潮（**資料**8）。

至於女性呢？幾乎所有的女性都不會在每次性交時獲得高潮，完全沒有經歷過高潮的人也不少。

而且也有資料顯示，十～六十九歲的女性有50～67％曾在做愛時假裝達到高潮。

資料 8　不同年齡層男女經歷高潮的比例

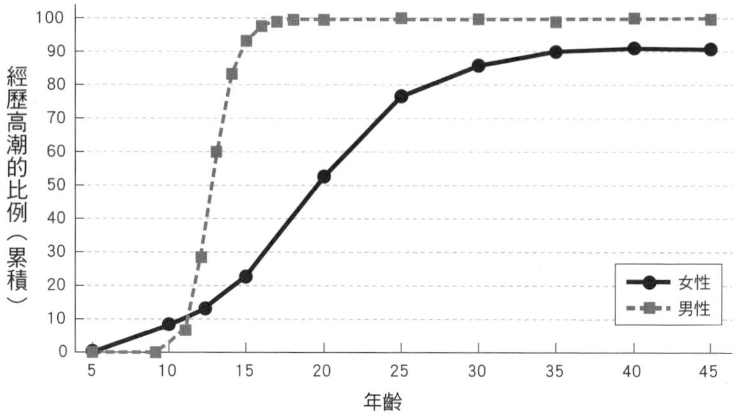

男性經歷過高潮的人數比例，在青春期前後急速增加，幾乎達到100%，但女性經歷過高潮的人數比例增加速度就遠較男性緩慢，而且停留在90%左右。

出處：Kim Wallen, Ph.D. and Elisabeth A. Lloyd, Ph.D.「Female Sexual Arousal: Genital Anatomy and Orgasm in Intercourse」Horm Behav. 2011 May; 59(5): 780-792.

實際上，很多女性在接受性愛諮商的時候，都對於只顧著自己快點射精就結束的男性表示不滿。因爲殘留不滿的性愛反覆發生，性愛對於女性不再是愉悅的事，她們開始答應得勉強，或者開始想要逃避。也有報告顯示，倘若做愛的時候，只有男性獲得高潮，女性卻得不到高潮的狀況持續下去，不要說促進兩人的關係了，關係惡化的可能性還更高。

所以我建議比起女性，男性更應該「追求女性的高潮」。不要只是「自己射出來就結束」，請以對方也能得到高潮的性愛爲目標。

相較於插入陰道，透過刺激陰蒂達到高潮的女性更多，因此插入之前請以陰蒂爲中心進行充分的前戲，首先請兩人一起學習女性容易得到高潮的觸摸方式與時機。

不過，女性自己對於得到高潮並不堅持，或是缺乏認知的狀況也不少。沒有經歷過高潮的女性也出乎意料地多。

關於這點，詳情請參閱第 9 章的「女性與射精道」。

第13條　必須重視餘韻

性事結束後，立刻取下保險套丟進垃圾桶，拿衛生紙擦拭彼此的性器官，然後接下來呢？

男性在射精時得到的高潮感會急速下降，但女性的高潮卻下降得緩慢。女性的性反應特徵就是，剛開始時緩緩推進，結束時也畫出一條弧線緩慢下降。

婦產科醫師謝國權，曾是日本的性醫學評論先驅，他表示：「請不要忘記，男性在揮別性交，想要儘早進入睡眠時，女性仍對餘韻留有眷戀，捨不得離開這樣的狀態。」並主張這時需要的是「男性深刻的愛情，以及體貼的補充愛撫」。

「體貼的補充愛撫」這樣的表現，現代聽起來總覺得有點怪，但我想暫時躺在一起，或是以臂爲枕，保留說說枕邊情話的時間，還是很重要吧？

當然，或許也有些人的伴侶會說「沒有必要」，因此請向伴侶確認。

第14條　請理解每次從事性行為時都必須取得對方同意

男性往往會以爲曾經有過性愛的對象，就是「隨時都能做愛的對象」。這樣的認知當然大錯特錯。精蟲衝腦的年輕男性特別容易有這樣的誤會，必須注意。

每次從事性行爲時，都必須透過言語或態度確認，對方是否想要跟你做愛。只要冷靜思考就會發現這麼做是理所當然，但遺憾的是，無法理解的男性也不在少數。

爲了鞏固這樣的認知，有一部影片希望各位務必看看。

這是英國泰晤士河谷警察署二〇一五年在YouTube上發表的，關於性同意啓蒙的影片，標題是「Consent - it's simple as tea（同意，就和喝茶一樣）」。這部影片以動畫說明「對於同意發生性行爲的認知，就和問對方要不要喝茶時一樣」，並且拍成男女老幼都容易理解的內容。(https://www.youtube.com/watch?v=pZwvrxVavnQ)

資料9是我根據這部動畫，將詢問對方要不要喝茶時的狀況，與邀請對方發生

資料9　「問對方要不要喝茶時」與「邀請對方發生性關係時」對方的反應與判斷

「你想喝茶嗎？ 我們來泡茶吧？」	「你想做點什麼嗎？ 我們來做愛吧？」	判斷
回答「嗯，我想喝茶」，並且把茶喝掉。	回答「嗯，我想做愛」，並且開始做。	合意
回答「謝謝，但還是算了」拒絕	回答「嗯，不過今天還是算了」拒絕	非合意
「唔，我也不知道想不想喝」 ➡泡茶 ➡拿起杯子 ➡不喝茶	「唔，要不要做呢」 ➡走進房間 ➡躺到床上 ➡不脫衣服	不明 不明 不明 非合意
雖然回答「謝謝你幫我泡茶」，卻不喝。	雖然回答「謝謝你的邀請」，卻拒絕身體接觸	非合意
雖然回答「我想喝茶」，而且也泡了茶，卻沒有喝就睡著了。	雖然回答「來做吧」，而且也躺到床上，卻睡著了	可惜 （非合意）
邊喝邊說「好喝」	回答「好啊，太棒了」	合意
（上一次很開心地喝了）這次回答「今天不想喝」	（上次雖然做愛了）這次回答「今天不想做」	非合意

性關係時的狀況相互對照製作而成的表格。

泡茶時，如果對方改變心意說「還是算了」，或是昨天明明喝得很開心，現在卻回答「今天不想喝」，都不是什麼値得生氣的事情，但如果換成是性愛，就有一些人會生氣。尊重別人改變心意是理所當然，這點換成喝茶就很容易理解。

有些人會覺得關於性行爲的溝通「不應該說出來」，或者「我們心意相通，說出口很殺風景」。但如果對方沒有透過口頭或態度明確表示同意，都不應該進行。

接下來列出一些同意性行爲的要點。希望實踐射精道的男子銘記在心。

①需要明確的同意
②不能無理強求
③對方可能會中途改變心意
④被拒絕不要惱羞成怒
⑤禁止在對方睡覺時或意識不清時進行
⑥同意只有當下那一瞬間（每次都必須徵得同意）

第15條　施暴的男人沒有資格從事性行為

我有幾件暗自驕傲的事情，分別是「考試時不曾作弊」「不曾順手牽羊」以及「沒有打過女性」。

我之所以「沒有打過女性（把自己的女兒抓來打屁股除外）」，是因為我把小時候父母的教誨「男孩子比女孩子有力氣，所以不能打她們。和女生吵架時只能動口不動手」牢記於心。言語暴力當然也不應允許，但動口吵架我總是吵輸。當然，無論在異性之間還是同性之間，無論什麼理由都不能允許暴力。

配偶或情人等，擁有親密關係或是曾有過親密關係的人所施加的暴力稱為「家庭暴力（家暴）」。暴力有各種形式，主要可分成毆打或踢踹等「身體暴力」、以言語傷害對方心靈的「精神暴力」，以及即使對方抗拒，依然強迫對方與自己發生性行為的「性暴力」。而性暴力也包含強迫對方看猥褻的影片與圖片、強迫墮胎，以及不協助避孕。

美國心理學家沃克指出家暴「具有循環性」。首先是累積壓力的加害者開始施暴；而後為自己的施暴道歉，變得溫柔，這段期間稱為「蜜月期」；最後又進入暴躁與壓力逐漸高漲的「累積期」。

沃克也指出，家暴的傷害就在反覆循環之下逐漸擴大。接著被害者會以爲蜜月期的溫柔才是對方的眞實樣貌，誤以爲對方「其實是個溫柔的人」「對我施暴是因爲愛我」等，再也不把逃離對方納入選項。

除此之外，也有不少人在反覆遭受家暴之下變得無力，因爲恐懼而無法逃離。如果有經濟問題或是有孩子，也會因爲擔心逃離之後的生活而不敢付諸實行吧？

無論如何，暴力都會帶給對方與周遭的人莫大的傷害。男性（女性也一樣）不管什麼理由，都不能以暴力傷害伴侶。請不要忘記射精道所說的「擁有陰莖的人全部都是武士」，溫柔且誠實地對待女性（或伴侶）。

第16條　隨時想辦法充實「心·技·體」

第2章「青春期篇」的**第2條**曾提過「心·技·體」的重要性。「心·技·體」的「心」是從事性愛的充分知識、一般常識與溝通能力，「技」是射精的技術，「體」則是成人的身體。同時也提到，如果不具備充分的「心·技·體」，即使是老大不小的成人，也最好不要從事性行爲。

為了一直當一個「適合做愛的成熟男子」，必須隨時努力不懈地充實「心・技・體」。請具備關於性的正確知識，並根據需要更新。如果用運動來比喻，性愛是比賽，自慰就是平常的練習。請平常就用心進行射精的訓練，並且熟練到要能說出「右手是情人」的程度。

身體發展成熟之後，就必須維持能夠做愛的體態。「新陳代謝症候群」是勃起的天敵，請避免罹患高血壓、高血脂、糖尿病等生活習慣病。

第 4 章
備孕篇

夫妻一起開始備孕的射精道

本章將解說在未接受醫療機構診斷的情況下開始備孕時，男性該有的心態。如果選擇不生小孩，可以跳過本章沒關係。

二十～三十九歲的男性，若未經歷過手術及化療、放療等治療，而伴侶也未曾因生理不順或婦產科疾病等接受手術，請先參考本章的內容，自行展開備孕活動。

當然，想要懷孕就必須要有性行為，而且男性必須在女性的陰道內射精。像江戶時代儒學家貝原益軒所寫的《養生訓》所說的「肌膚相親而不射精」是不行的。

此外，夫妻為了磨合對於擁有孩子的認知而仔細討論，思考有孩子時的生涯規畫等，也是不折不扣的「備孕」。除了以懷孕為目的的性行為之外，也建議兩人務必先好好溝通，適應彼此的價值觀。

第1條　備孕是雙方的共同作業，必須積極進行

我很喜歡ＮＨＫ的晨間劇，這十年來幾乎每部都看。晨間劇的舞台多半是戰前，故事中時不時就會出現現在所說的備孕情節，而我有時候會看到有點不合理的劇情。

備孕的射精道

第 1 條　備孕是雙方的共同作業，必須積極進行
第 2 條　必須學習女性的月經週期與懷孕機制
第 3 條　必須注意自己的睪丸周圍（睪丸比陰莖更重要）
第 4 條　請把生理期結束後兩週視為關鍵時期
第 5 條　刻意不要去管排卵日
第 6 條　頻繁射精才會有好的精子
第 7 條　性行為也是亂槍打鳥總會中
第 8 條　就算失敗了，也只要下次努力即可
第 9 條　沒有性行為就生不出孩子
第 10 條　倘若每週兩次以上性行為仍沒有結果，就必須懷疑不孕
第 11 條　不孕的原因男女各半，不能覺得自己沒問題
第 12 條　精液的成分每天更新，因此變動的幅度極大
第 13 條　盡可能排除負面要素
第 14 條　必須用心減少生活壓力
第 15 條　必須追求兩人都舒適的性愛

那就是遲遲生不出孩子的時候，都會被視爲只有女性必須負責。由此可知，當時的人們幾乎沒想過「男性也有責任」，他們覺得「男性只要播種總是會生得出來」。

最近也愈來愈多夫妻一起來做婚前健康檢查，但還是有很多人仍然覺得「生不出孩子是女性的問題」。但實際上，WHO（世界衛生組織）的報告顯示，不孕的原因約半數出在男性身上。

根據日本瑞可利生活型態公司在二〇一八年所做的「不孕相關意識調查」，回答「知道」不孕的原因半數出在男性身上的人，男性有46.4%，女性有56.7%。調查對象是「將來想要孩子」的二十～四十九歲男女。換句話說，即使關心備孕的男女，做出來的數字也只有這樣，因此可以想像除此之外的男女，有更高的機率不清楚這件事情。

我所服務的不孕症中心（生殖醫療專門設施），雖然有愈來愈多夫妻一起接受檢查的案例，但還是有表示「因爲妻子要求才勉強過來……」的丈夫。而且精液檢查出現陰性反應的人中，也有人表示「覺得屈辱」。

因此就現狀而言，對於不孕治療最先採取行動的，多數仍是女性。

但理所當然地，孩子必須由夫妻一起生。請男性在心態上拋棄自己只是幫忙或陪伴的想法，也把備孕當成自己的問題主動參與，夫妻兩人齊心協力，一起進行以懷孕爲目的的性愛。只有妻子或先生孤軍奮戰是生不出小孩的，請將這點銘記於心。

第2條　必須學習女性的月經週期與懷孕機制

先生如果想要主動參與，不讓妻子在備孕之路上孤軍奮戰，充分理解女性的月經週期與懷孕機制就很重要。備孕的第一步不是做愛，而是學習懷孕的機制，了解該怎麼做才會懷孕。

男性每次射出的精液，精子濃度與活動率都不一樣。除非是無精症，否則每次的精液都會含有精子。精子可以在女性體內生存數天～一週左右。換句話說，男性只要做愛一次，就有可能讓女性懷孕。

另一方面，女性有做愛容易懷孕與不容易（不會）懷孕的時期，想要理解這點，就必須清楚月經週期。換句話說，學習關於女性月經的知識，才能了解懷孕的機制。

正常的生理期（月經）約三～七天，週期爲二十五～三十八天，一般大多落在二十八～三十天，而週期的變動在六天以內都是正常的。通常每一個月經週期會排卵一次（卵巢釋放出卵子）。排卵的十四天後，子宮內膜就會剝落，月經於是開始。

換句話說，月經週期的變動，取決於排卵時期的變動。

反過來說，從月經週期就能推測排卵日。

女性大約一個月（一次的月經週期）只會排卵一次，因此如果在卵子存在時期沒有遇見精子，就無法形成受精卵，也不會懷孕。

而且卵子在排卵之後只能存活二十四小時。因此即使精子能夠存活一週，理論上也只有在女性排卵的約一週前，到排卵後的一日內從事性行爲才可能懷孕。

除非到醫院等接受檢查，否則排卵日只能透過月經週期推算。月經週期也不一定規律，因此無法準確預測。不過如果知道對方的月經週期，就能夠推測

資料10　月經週期與可能懷孕的時期

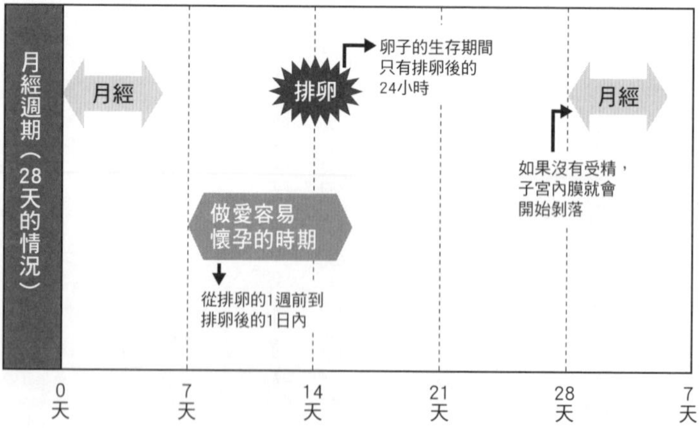

容易懷孕的時期。

男性不能讓女性以懷孕爲目標，指定做愛的日期，自己也要從對方的月經週期推算容易懷孕的時期，並積極地求愛（必須積極的日子請參考本章**第4條**）。

「聽到妻子說『今天是排卵日，要做功課喔』就變得無法勃起……」來找我看診的男性，不少人有這樣的煩惱，我稱這種情況爲「排卵日勃起障礙」。男性的心理就是如此纖細，而我都會告訴這樣的男性「請你自己預測太太的排卵日，主動積極地求愛」。

對於別人要求的事情提不起勁，自己決定的事情就會拚了命去做，這就是男人常見的心理。所以自己積極面對性愛，也能預防排卵日勃起障礙。

第3條　必須注意自己的睪丸周圍（睪丸比陰莖更重要）

我就直截了當的說了，備孕的主角嚴格來說不是陰莖，而是睪丸。換句話說，睪丸比陰莖更重要。在青春期迎來第二性徵時，最先發生變化的就是睪丸。睪丸先開始變大，其他地方才逐漸跟著轉變成爲大人的身體。

不過陰莖再怎麼說都還是比較顯眼，因此大家都會在意陰莖的大小，但睪丸的大小卻很少有人在意。泌尿科的門診常有因爲陰莖大小與包莖問題的人前來求助，但完全沒有人因爲擔心「睪丸是不是太小」而前來看診。

睪丸是製造男性荷爾蒙（睪固酮）與精子的器官，左右的陰囊（袋）內各有一個。睪固酮是關係到性欲與勃起的重要荷爾蒙，而精子正是懷孕的主角。換句話說，睪丸的大小其實比陰莖的大小更重要。

青春期前的睪丸，容量不到 2 ml；長大成人之後，則增加到 15～20 ml。睪丸的變化如此劇烈，大家卻都不太在意，實在很可惜。

一般而言，右邊的睪丸多半比左邊的大。有報告顯示，調查了六五一名日本人後，得到的睪丸平均重量是右邊 15.35 g，左邊 14.53 g。

如果想要在一定程度上正確測量，還是必須去醫院，但有個方法可以自己簡單地確認睪丸大小。請用食指與拇指比個 OK 的手勢，只要自己的睪丸比 OK 的圈圈大就沒問題，是順利成長的正常尺寸。

即使沒有比 OK 的圈圈大，只要大小差不多就沒關係，但如果不到圈圈的一半，就有點需要擔心了。若這時正在備孕，最好儘早去醫院接受檢查。

此外，如果睪丸的大小是圈圈的兩倍以上、睪丸中有硬塊或整體堅硬（硬得像骨頭一樣），也建議盡快去醫院。

睪丸變大的原因有兩種，一種是積水，而另一種就是腫瘤。如果摸起來軟軟的，就是陰囊內積水的「陰囊水腫」，不會對健康造成太大的影響。如果因爲過大而帶來困擾，可以在門診抽出積水，或是接受手術根治。

但如果觸摸陰囊時有堅硬塊狀的觸感，就有可能形成腫瘤。而且多數情況是惡性腫瘤，也就是「睪丸癌」。睪丸癌患者每十萬人當中大約只有一人，不是那麼常見。但好發於二、三十歲，有些人是在前往醫院接受不孕症治療時偶然發現的。

此外，也經常有人發現造成不孕症的「精索靜脈曲張」。陰囊上方有血管、輸精管（精子通道）、神經、淋巴管集結成束的「精索」，而精索靜脈曲張就是靜脈血液逆流所導致的擴張狀態。

睪丸的溫度比體溫低2～3℃，藉此保持製造精子的適當環境，如果溫度與體溫相同的血液逆流而上，就會導致睪丸中的溫度與內壓升高，這麼一來製造精子的功能與精子的品質就會下降。

精索靜脈曲張占了男性不孕症患者的30～40％，可說是男性不孕症最常見的原因。一般男性當中也有15％的人有這項問題，由此可知，有些人即使精索靜脈曲張也

資料11　精索靜脈曲張的分級（等級＝重症度）

等級	狀態
3級	站立視診可以看見靜脈曲張（用看的就知道）。
2級	站立觸診可以摸到靜脈曲張（必須觸摸才能發現）。
1級	站立且在腹壓負荷時觸診能夠摸到靜脈曲張。

對健康沒有影響，不會導致不孕。

如果在洗澡的時候自己觀察陰囊上方，發現陰囊表面因血管而凹凸不平，最好去專門的醫院（泌尿科）接受檢查。

精索靜脈曲張可透過視觸診與超音波診斷，若重症度爲2級以上就建議接受手術（**資料11**）。如果透過精液檢查，發現精子數與運動率降低，雖然不一定需要治療，但要是遲遲都無法懷孕，就必須考慮動手術。

治療之後，大約七成的案例都能改善精液的狀況。

第4條　請把生理期結束後兩週視為關鍵時期

希望有效率地懷孕也是人之常情，本條就幫助大家達成這個目標。只要理解懷孕的機制，在這方面就能夠順利。

舉例來說，如果月經週期是二十八天，而月經在排卵的十四天後來，那麼月經開始後的第十四天就會排卵。正常的經期是三～七天，週期是二十五～三十八天（參考本章的**第 2 條**）。倘若週期是二十五天，就會在月經開始後的第十一天左右排卵，如果週期是三十五天，就會在月經開始後的第二十一天左右排卵（**資料**12）。

考慮到比起排卵日當天，排卵的一～二天前懷孕的機率較高，因此月經週期正常的女性，在月經幾乎結束的月經週期第八天起算的兩週內就是容易懷孕的時期（**資料**12）。

不過，如果不在排卵後的二十四小時以內受精就不會懷孕。換句話說，排卵日的隔天之後，不管再怎麼做功課都是徒勞。

話雖如此，要是抱持著「既然不會懷孕就不做愛」的想法，性愛往往也會變得索然無味。在關鍵的那兩週之外也依然「性」致勃勃地從事性行為，是撐過辛苦備孕期的重要關鍵。詳情將在下一條介紹。

資料12　月經週期與排卵日、容易懷孕的期間之間的關係

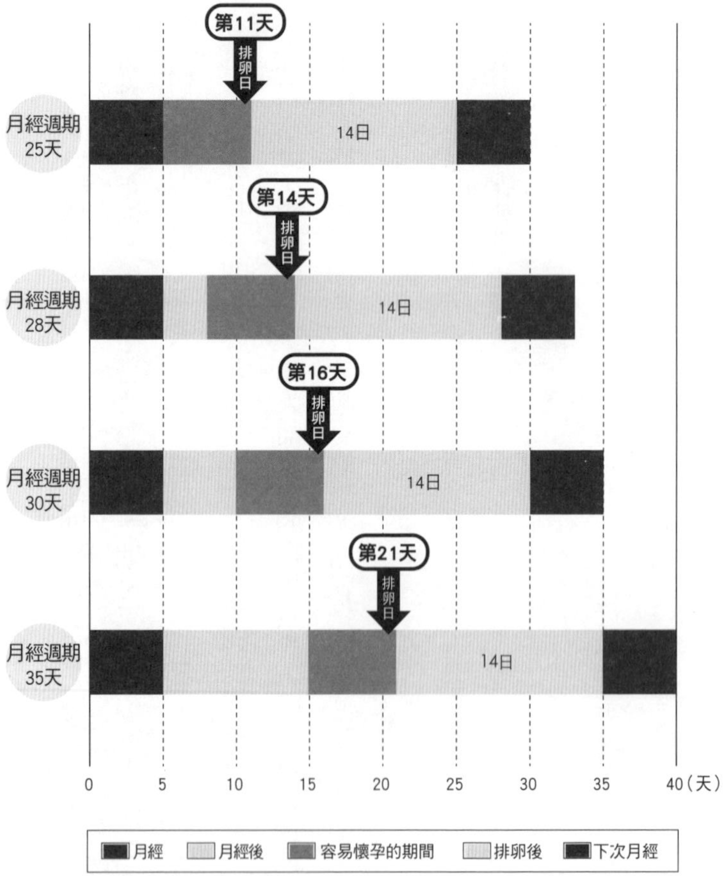

第5條　刻意不要去管排卵日

若以懷孕爲目標從事性行爲，難免會變得過度在意排卵日。然而在**第2條**提過，女性有容易懷孕的時期與不懷孕的時期，各位或許會覺得與本條矛盾，但這句話的意思是「最好不要太過鎖定排卵日」。這對男性而言也具有重要的意義。

就如同前面提過的「排卵日勃起障礙」，如果鎖定排卵日，男性就會有強烈的責任感，覺得「今天一定要達陣（一定要做愛並射精）」。但男性愈是覺得這件事重要，就愈容易因爲責任感而緊張。就如同前面提過的，緊張是勃起的大敵，因爲如果不夠放鬆，勃起就不會發生。

這麼一來，到了排卵日這種重要的日子，「排卵日勃起障礙」就會發作。因爲擔心「如果失敗了（如果無法射精）該怎麼辦」而無法專注於做愛，最後沒有射精就結束……這樣的情況也時有所聞。開始做愛之後最重要的就是專注，會發生這種狀況也無可厚非。

話說回來，排卵日會隨著週期而有數天的變動。容易懷孕的時期並非精準地鎖定某一天，而是有一定的期間範圍。

可能懷孕的期間通常是從排卵日往前推算的六天內，尤其在從排卵日往前推算的三天內性交，懷孕的可能性最高。

除此之外，也有報告顯示，與其在排卵日當天做愛，在排卵的一～二天前做愛最有機會懷孕。

雖然前往醫療機構接受檢查時，醫生也偶爾會指定「請在某天空出時間（請在這天做愛）」，但維持自己的步調也很重要。請告知妻子容易懷孕的期間是某個範圍，以及如果明確指定哪一天會因爲緊張而無法順利等，在取得妻子的理解後，夫妻兩人盡可能在這段期間做愛即可。

第6條　頻繁射精才會有好的精子

似乎很多正在備孕的人相信「禁欲期間（累積精子的期間）愈長，愈容易射出品質良好的精子」。因此也有不少夫妻認爲，爲了射出濃厚的精子，男性必須在最重要的排卵日前禁欲好幾天，而且在排卵日只能做愛一次。

然而，「累積才能射出好精子」的認知並不正確。

根據分析共九四八九件的精液檢查數據所得到的研究結果，精子數少的男性禁欲天數最多一天（前一天射精），精子狀態佳的男性則最多十天（盡量控制在七天以內）。

精子數少的檢體，禁欲期間一天的情況精子活動率最好，禁欲期間〇～二天的情況，則正常形態的精子最多。

另一方面，正常精子數的檢體若禁欲期間達到十一天以上，精子活動率與正常形態的精子都會降低。

換句話說，「不要禁欲，頻繁射精，才會射出好的精子」。

第9條也會介紹，日本人的性交次數相較於世界各國少，即使年輕世代也不例外。而現在也已經知道，只要增加性交次數，即使是這樣的日本人，自然懷孕的可能性也會提高。

重視效率不是壞事，但不要有一次性交就定勝負的想法，累積腳踏實地的努力也很重要。

此外，我覺得除了前面所說的那些，希望提高精子濃度而限制性交次數的夫妻之外，也有很多人明明說自己「正在備孕」，性行爲的次數卻相對不多。一個月只做愛兩三次，就覺得自己「無法懷孕」而尋求不孕治療是否操之過急？關於這點將在**第9**

條詳細解說。

第7條　性行為也是亂槍打鳥總會中

到此爲止介紹的內容都有一點複雜，或許也有人覺得思考這些事情很麻煩。如果想生孩子又不想考慮戰略什麼的，最簡單的方法就是「每天做愛」。要是覺得每天也太辛苦，隔一天或隔兩天也無所謂，總之請盡可能增加性行爲次數。

一九五三年出版的《日本人的性生活》中，刊出一份關於「從結婚到懷孕，一週平均做愛幾次？」的調查結果，雖然資料相當舊，但我們還是來看看。

根據這份資料，當時的新婚情侶，平均每週做愛三點九次。大約有七成以上的夫妻，每兩天就會做愛一次以上（**資料**13）。

這份資料的夫妻結婚時的平均年齡爲先生二十八歲，妻子二十三歲。調查對象是一〇三對夫妻，平均擁有兩點六名子女。

現代擁有四名以上的子女是非常罕見的狀況，但在當時比例卻高達28％。雖然夫妻都年輕也是原因，但我認爲性交次數多也是重要因素。

實際上，性交次數愈多，六個月內的懷孕率就愈高。有報告顯示，每週性交三次

資料13　1953年時的新婚夫妻平均性交次數（1週）與103組夫妻的子女人數

剛結婚後的性交次數

每週平均性交次數	對數	%
1次以下	4	3.9
1～2次	9	8.7
2～3次	13	12.6
3～4次	14	13.6
4～5次	31	30.1
5～7次	32	31.1
每週平均性交次數	3.9	

現存子女人數

子女人數	對數（夫妻數）	%
0	7	6.8
1	28	27.2
2	19	18.4
3	20	19.4
4	12	11.7
5	10	9.7
6	6	5.8
7	1	1.0
平均子女數	2.6	

出處：《日本人的性生活》（篠崎信男著，文藝出版社，1953年）

以上，六個月後的懷孕率就超過50％。

即使每一次的性交，精子濃度與活動力都低，但只要次數一多，子宮內累積的精子數也會增加。只要常態性地從事性行爲，即使排卵期多少有些變動，也總是會碰上懷孕的最佳時機，因此懷孕的可能性就會大幅提高。

請不要忘記，性行爲的次數愈多，就愈容易有機會懷孕。

第8條　就算失敗了，也只要下次努力即可

就算以懷孕爲目標從事性行爲，也不一定會懷孕，這是理所當然的事情。如果採取鎖定排卵日性交的「受孕期法」，每個月經週期的懷孕機率剛開始約爲5％，六個月的累積懷孕機率約50％，二十四個月約60％，後來就變得幾乎持平。

反過來說，即使努力了六個月，依然有約半數的夫妻無法懷孕。雖然懷孕機率也與年齡有關，但基本上請抱持著總之受孕期法可以持續努力一年的打算。

大家常在戲劇中看到原本滿懷期待，結果卻因爲來月經而嘆息的劇情吧？懷孕原本就不是自己可以控制的事情，只能盡人事，聽天命。借用我的生殖醫療師父，大阪東京不孕症診所松林秀彥醫師的話，「平常心最重要」，請每一次都轉換心情。

此外，改變性行爲是爲了懷孕的設定或許也有效果。如果能夠來一場兩人都舒服的性愛，會變得很幸福吧？尤其是男性，經過激烈的性交而後射精，就會變得精疲力盡，想必也有很多男性連枕邊情話都來不及說就鼾聲大作。不只性愛，如果身體平常因爲進行適度運動而變得疲倦，也會睡得很好。

此外，在性行爲中獲得高潮後，男女都會分泌更多有愛情・幸福荷爾蒙之稱的「催產素」。催產素有減輕壓力、放鬆心情的效果，因此睡眠品質也會提高。

擁有充足的睡眠能夠養精蓄銳，隔天就又有精神能夠從事性行爲。現在已經知道，睡眠不足會導致男性荷爾蒙「睪固酮」減少，所以請進入「來一場痛快的性愛，睡一場好覺，再進行性愛」的備孕最佳循環！

第9條 沒有性行為就生不出孩子

第6條與第7條也提過，性行爲的次數很重要。爲什麼我會反覆強調性行爲的次數呢？因爲我總是覺得，前來不孕症門診諮詢的夫妻，性行爲的次數實在太少了。

大家知道日本人性行爲的頻率遠低於全球平均嗎？根據英國保險套大廠杜蕾斯在二〇〇五年進行的「全球性生活調查」，日本人一年性交的次數爲四十五次，大約每八天一次，在接受調查的四十一個國家當中是最少的。

該調查（全球性生活良好狀態調查）在二〇一一年以三十七個國家爲對象，調查每週進行一次以上性行爲的人數比例，日本只有27％，同樣敬陪末座。

另一方面，全球平均性交次數爲一年一〇三次，大約每週兩次。

此外，關於已婚者（或是有交往對象的人）的性行爲頻率，則有日本保險套廠商相模橡膠在二〇一三年所做的調查數據。根據這份數據，一個月的性行爲平均次數爲，二十～二十九歲四點一一次，約每週一次，三十～三十九歲二點六八次，約每十一天一次。

日本婦產科學會將不孕症定義爲「希望懷孕的健康男女在不避孕的情況下性交，過了一定期間（一年）仍沒有懷孕」。雖然這份定義沒有提到性交頻率有點可惜，但是就全球平均來看，如果性交次數不到每週兩次，也就是每個月八～九次，就不能算是「沒有避孕的普通性交」吧？至少在沒有特別注意排卵日，性交次數每週不到一次的情況下，實在不知道能不能稱得上是不孕。

根據以女性爲對象的健康資訊網站「Luna Luna」在二〇一五年所進行的「備孕與性行爲」調查，針對「備孕時的性行爲次數」這項問題，回答「每月三～四次」的比例最高，爲36.9％，其次是「每月五～六次」，比例爲21.6％，「每月一～二次」的比例爲21.5％，「每月七次以上」的比例則爲17.7％。

透過這份數據可以知道，作爲調查對象的備孕中夫妻，八成以上的性行爲次數根本不足以判斷是否罹患不孕症。如果眞的想要孩子，無論如何都必須先增加性行爲次數，光是這麼做就足以提高懷孕機率。

第10條　倘若每週兩次以上性行為仍沒有結果，就必須懷疑不孕

如果性行爲的次數少，只要增加次數就有可能提高懷孕的機率。反過來說，如果持續一年以上，每週都發生兩次以上的性行爲仍沒有懷孕，就必須懷疑不孕。

第8條也提過，剛開始執行鎖定排卵日性交的受孕期法時，每次月經週期的懷孕率爲5％，六個月的累積懷孕率約50％，二十四個月約60％，後來就變得幾乎持平。

反過來說，即使努力了六個月，依然有約半數的夫妻無法懷孕。因此受孕期法最多可以努力一年，若努力一年仍未果，最好檢查看看是否有不孕症的問題。

這時候接受檢查的不能只有女性，請兩人一起。關於理由將在**第11條**說明。

第11條　不孕的原因男女各半，不能覺得自己沒問題

我剛成爲泌尿科醫師時，想要研究男性不孕症，於是去找醫師前輩商量，但前輩勸我「男性不孕症沒有什麼可以做的，你還是放棄比較好」。這是二十幾年前的事，但現在的不孕症治療對象依然以女性爲主。

然而，就如同**第1條**所說的，根據WHO的調查，不孕的原因有一半出在男性身上。

換句話說，各位必須先有這樣的認知——生不出孩子的風險，無論男女都差不多。當夫妻兩人遲遲生不出孩子的時候，請不要覺得「原因應該不會出在自己身上」。即使能夠正常勃起射精，精子也可能會出問題。

如果備孕到最後，決定往不孕症治療邁進一步，那麼就不要把實際前往醫療機構，從醫師提出的許多選項中做出選擇等任務全部丟給妻子，先生也必須當成自己的事。

這麼一來才能提高懷孕的可能性。

第12條　精液的成分每天更新，因此變動的幅度極大

其實精液中的精子狀態，每次射精都會大幅變動。

有一份報告是健康男性每週檢查精液中的精子濃度，並持續一百二十週的結果。儘管這段期間，男性沒有吃藥或發燒，圖表的值依然每次測量都會大幅變動，甚至可以相差一百倍。

精子狀態大幅變化的原因不得而知，可以知道的是，即使身體狀態穩定，精子的狀態依然每次射精都大不相同。

由此可知，實在無法光靠一次精液檢查的結果，就適當掌握男性精液的狀態。精液檢查當然可以在醫療機構進行，不過最近各公司也推出家用精子觀察器，能夠相對容易了解自己精子的狀態。

如果想要適當掌握自己的精子狀態，就必須接受多次的精液檢查。不要因爲一次的檢查結果就患得患失，盡可能接受三次且定期的檢查。

資料14顯示WHO的精液檢查基準值（二〇二一年），以及妻子懷孕的日本人男性精液狀態中間值。WHO的基準值絕非標準值，而是「能夠自然懷孕的底線」。只要對照妻子懷孕的日本人男性精液狀態，就能一目瞭然。

因此，如果精液狀態低於WHO的標準值，或是只超過標值一點點，自然懷孕

資料14　精液狀態的標準值（WHO）與妻子懷孕的日本人男性中間值

	WHO標準值	妻子懷孕的 日本人男性中間值
精液量（ml）	1.4	3.0
精子濃度（×百萬隻／ml）	16	84
總精子數（×百萬隻／射精）	39	239
活動率（%）	42	66
前進運動率（%）＊	30	8.5（?）

＊前進運動率指的是①前進運動精子（四處移動的活躍精子）、②非前進運動精子（缺乏前進運動的運動中精子）、③不動精子中，①前進運動精子的比例。

的可能性就相當地低。

基於上述，首先就從調查自己的精液三次開始吧！

第13條　盡可能排除負面要素

常有人問我「如果想要增加精子，吃些什麼比較好？」或是「我可以服用哪些藥物？」但我認爲，首先需要考慮的不是「補充」，而是「減少」會傷害精子的要素。

如果有東西「吃了就能增加精子」，早就被用來治療男性不孕了。但遺憾的是，現階段並不存在吃了就能確實增加精子的藥物。不過，倒是已經知道一些因素確實會影響睪丸製造精子的功能，因此請優先排除這些負面因素。

許多因素都會帶給睪丸壓力，其中負面影響最大，導致精子品質下降的是吸菸。吸菸會降低精子的濃度與活動率，增加精子的畸形率，也會使精液中的白血球與活性氧變多，提高精子遺傳資訊來源DNA損傷的風險。

有一位三十多歲的老菸槍來找我做不孕治療，我爲他進行精液檢查，結果發現他的精子濃度每1ml不到一百萬隻。正常的精子濃度爲每1ml超過一千五百萬隻，因此他的精子濃度可說是相當低。

這位男性一直以爲「自己沒問題」，所以得知結果之後大受衝擊，立刻戒掉了原本一天要吸三十根的菸。接著在半年之後，再一次接受精液檢查，這次的精子濃度是六千萬隻，恢復到正常水準。從這個例子可以知道，吸菸對睪丸造成的不良影響有多麼嚴重。這位男性表示，自己勃起與射精都很正常，在性愛方面也沒有問題，「從來沒想過原因竟然出在自己身上」。如果夫妻兩人，或者其中一人有吸菸的習慣，而且遲遲無法懷孕，最好試著挑戰戒菸。

除此之外，睪丸怕熱，最好也盡量不要洗三溫暖或泡澡太久。睪丸爲了避開身體的熱才特地長到體外，所以也不建議穿著會導致陰囊緊貼身體的內褲。最好穿通風、容易散熱的四角褲。

此外，也避免將電腦擺在腿上使用，以免電腦的熱影響到睪丸。

長時間騎自行車也最好避免。坐墊的刺激容易導致男性性器官附近的血流變差，並且引發勃起障礙，使精子濃度或運動率降低等對精子造成不良影響。也確實有報告顯示經常騎自行車的男性，勃起障礙的發病率較高。

除此之外，使用生髮藥品也必須注意。最近愈來愈多人服用ＡＧＡ（雄性禿）的治療藥，但如果使用的藥物主成分是「柔沛」（finasteride）或「新髮靈」（dutasteride），也有人會產生性欲降低、精子濃度減少、勃起障礙等副作用，因此考慮懷孕的人請避免使用這類生髮藥品。「敏諾西代」（minoxidil）也是廣泛使用的生髮用品，但這個成分似乎就不會對睪丸帶來影響。

第14條　必須用心減少生活壓力

備孕的時候，過著壓力少的生活具有加分作用。

雖然壓力與懷孕的關係眾說紛紜，沒有明確說法，但也有一說指出，形形色色的壓力將導致體內產生活性氧，使身體氧化，對精子造成不良影響。

而夫妻雙方的情緒穩定尤其重要。

長期備孕卻遲遲沒有結果，導致夫妻關係產生裂痕的狀況相當常見。譬如，妻子對先生施加壓力，跟他說「今天是排卵日，一定要做功課」，或者先生反過來採取不合作的態度，抱怨「這麼忙還要頻繁去醫院太累了」等，如此一來兩人的壓力都會逐漸累積。我也經常在彼此無法順利表達自己想法的夫妻之間介入調停。

彼此累積壓力對備孕有弊無利。我懂那種焦急不安的心情，但是請不要把對方當作敵人指責，務必將對方視為擁有共同目的的戰友，用言語互相鼓勵。

請兩人都將備孕定義為確認彼此愛情與體貼的溝通過程，盡可能減輕彼此的壓力。

第15條　必須追求兩人都舒適的性愛

這其實是我最先想要傳達的事情。備孕時如果太過以懷孕為中心，往往會忘了去享受性愛。但是請不要忘記，「兩人都舒適（獲得快樂）」也是性行為重要的動力。

人類的性愛有三個層面。一個是「生殖的性」，這是動物想要繁衍後代的本能。另一個是「快樂的性」，做愛是為了獲得性的愉悅。最後一個則是「親密的性」，透過性愛加深彼此的親密感與心靈羈絆。

「生殖的性」也是本章的主題，透過性愛懷孕並建立家庭。至於「快樂的性」對於年輕男女而言則具有非常重要的意義，是做愛的一大動機。而「親密的性」也可說是人類做愛不只是爲了繁殖的證明，具有充滿人性的一面。

這三個層面不分優劣，全部都非常重要。備孕時也一樣，但往往因爲「生殖」的目的意識過於強烈，而將「快樂」拋諸腦後。

我的患者中，經常會出現將備孕的性行爲當成義務或苦行的人。但是沒有什麼比義務性的做愛更無趣，如果男性抱持著這樣的壓力，就無法完全勃起。

對於女性而言，義務性的性行爲也同樣無趣，會提不起勁是理所當然。

至今仍抱持著舊時代觀念、或是體育社團型男性（或不只是男性），往往會覺得「沒有經過一番辛苦就不會成功，只顧著享樂做不出結果」。尤其是在運動領域，過去這樣的指導者很多，然而到了最近，在愉快的練習中取得結果的方針逐漸成爲主流。

性愛不是苦行。請追求兩人都愉快、舒服的性愛吧！譬如一起看A片、住遍性愛旅館、一起泡澡幫對方搓洗、享受角色扮演的樂趣等，轉換心情也不錯。

來一場兩人都愉快的性愛，最後成功懷孕，沒有什麼比這更棒了。

第 5 章
中高年篇

性欲尚未枯竭，性行為卻減少，就是步入中高年

接下來將討論中高年的性。這是中高年讀者的現實問題，至於年輕讀者則可以想像自己未來的狀態，並反映在接下來的性行動上。

中高年必須討論的，就是「身體的變化」與「無性生活」這兩個主題吧？如同前述，相較於全球的標準，日本人無性生活的傾向較高，而且這個傾向到了中高年變得更加顯著。

資料15是前面也多次介紹的，日本家族計畫協會進行的「日本性生活調查二〇二〇」中，針對「請問您這一年大致的性行爲次數」這個問題所得到的回答。

根據這份調查，這一年多都沒有從事性行爲的人數比例，二十～二十九歲男性爲17.9％，三十～三十九歲男性爲28.3％，四十～四十九歲男性爲35.9％，五十～五十九歲男性爲45.3％，六十～六十九歲男性爲62.2％。而觀察其他的比例，也會發現隨著年齡增加，性行爲的次數就顯著減少。

就泌尿科醫師的角度來看，四十幾歲不用說，即使到了五、六十歲，男性的性欲都尚未枯竭，雖然沒有十幾二十歲時那麼生猛，卻因爲擁有豐富經驗而變得純熟，能

資料15　日本人1年的性行為頻率

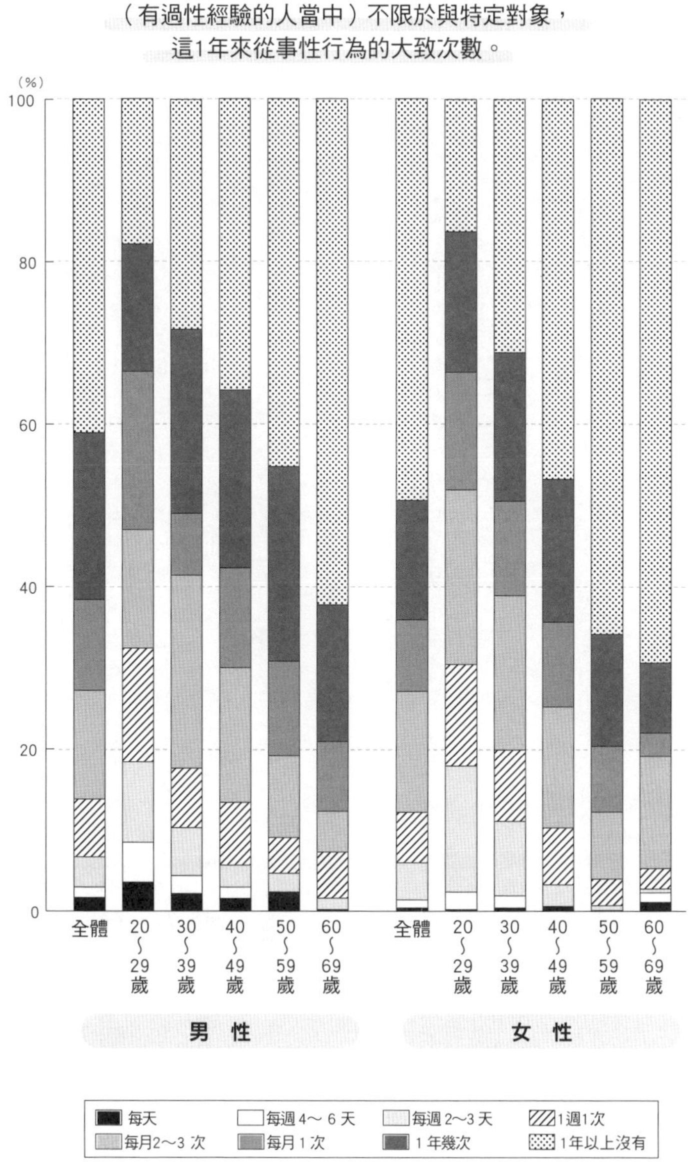

出處：一般社團法人日本家族計畫協會「日本性生活調查2020」

夠從容地享受性愛。然而性行爲的次數卻隨著年齡增長而逐漸減少，實在非常可惜。

爲什麼中高年男性的性愛機會逐漸減少呢？只要觀察女性的數值就能知道。如各位所見，中高年女性的性愛次數比男性更少。

其原因可從日本性科學會的性研究會在二〇一四年所做的調查「中高年性生活調查結果」一窺端倪。五十歲以上的男性約40％「希望與妻子做愛」，但五十～五十九歲「希望與先生做愛」的妻子卻只有22％，到了六十多歲更是大幅減少到12％。由此可知，妻子對先生的性欲減退，不願意回應性欲旺盛的先生，成爲無性夫妻的一大要因。

此外，到了四十～五十歲以上，男女在性功能方面都將面臨重大轉變，這也會影響性行爲。女性隨著停經進入更年期，男性的男性荷爾蒙也開始減少，有些人甚至出現「男性更年期（LOH症候群）」。換句話說，過了四十～五十歲，男女的性欲都開始減退是極爲自然的現象。

不過我認爲，盡量維持勃起與射精等男性性器官的功能，對於充實男性的身心非常重要。

無論是人類的身體還是其他事物，「不使用的東西就會退化」。如果不走路，雙腿就會逐漸變得無力，同樣的道理，如果不使用陰莖，陰莖也會逐漸衰退。倘若不再做愛也不再自慰，陰莖也會出現「廢用性萎縮」，導致勃起與射精都變得困難。「廢用性萎縮」顧名思義，指的就是因爲不使用而造成的機能衰退。

不過，身體的機能在多數情況下具有可逆性，只要持續地適當使用就能維持功能，即使衰退了，只要經過鍛鍊也有恢復的可能性。

陰莖也透過獲得性興奮的勃起，使血液流遍海綿體的每一個角落，預防海綿體萎縮。而射精能夠改善前列腺的血流，活化睪丸的運作。

最近發現，維持一定的射精次數也有機會預防前列腺癌。換句話說，到了中高年也維持性生活，有利於保持男性的健康。

除此之外，不管到了幾歲，依然與心愛的伴侶擁有親密接觸也很重要，這絕對會成爲豐富人生的一大要素。就生理學的角度來看，人類與他人擁抱、親吻、肌膚相親，也能夠促進有「幸福荷爾蒙」之稱的催產素分泌。

所以我總是建議大家，即使做愛時無法再像年輕時那樣激烈熱情，到了中高年期也能配合當時的身體步調，進行純熟期才辦得到的豐富性愛。不管到了幾歲，爲了保持性功能，也爲了提升幸福度，都最好能夠做愛或自慰。

爲了實現這點，本章將介紹中高年男性的射精道。請將射精道的教誨，應用在重新建立與伴侶之間的關係，以及維持中高年期男性性器官的健全。

第1條　把肌膚接觸與對話當成基本

不少人在步入中高年之後，逐漸失去與伴侶之間在身心方面的默契。我認爲最主要的原因，出在長年相處下來所導致的「不用說對方也能懂」，或者「我們是夫妻，對方做這點事情是理所當然」等的錯誤認知。

這是因爲中高年的太太經常表達這樣的不滿：「平常不說話也不牽手，到了晚上卻突然要求做愛。」換句話說，許多男性省略了各個層次的求愛行動，一下子就跳到性愛。這麼一來，女性會拒絕也是理所當然。

各位或許會覺得「我們都在一起這麼久了，事到如今已經不需要這些吧？」然而身爲動物，做愛前先展開求愛行動是理所當然的事情。

英國動物學家德斯蒙德．莫里斯表示：「所有動物的求愛模式，都由典型的步驟組成。」並以十二階段展現人類深化關係的步驟。那就是以下的「求愛十二階段」（**資料16**）。

中高年的射精道

第 1 條　把肌膚接觸與對話當成基本

第 2 條　了解身體在中高年期會發生變化

第 3 條　不應該眷戀過去的豐功偉業

第 4 條　必須與對方針對「性」進行討論

第 5 條　必須確保能夠專注於性行為的環境

第 6 條　必須活用「言語的前戲」

第 7 條　透過按摩讓身心都放鬆

第 8 條　插入並非必須

第 9 條　不應該講求勃起時的硬度

第 10 條　必須容許「肌膚相親而不射精」「肌膚相親而不插入」

第 11 條　積極活用情趣用品與潤滑液

第 12 條　不要迴避自慰

首先從眼神接觸開始，接著發生對話，而後牽手、接觸彼此的身體。爲了發展成性愛關係，必須透過溝通逐漸縮短身心距離，幫助彼此互相理解。

女性階段性地接受來自男性的求愛行動，再決定生殖行動的可否。即使是長年相伴的夫妻也一樣，如果平常既沒有眼神交流，也沒有像樣的對話，連肌膚接觸都完全缺乏，到了晚上卻偷偷摸摸鑽進對方棉被裡，這種性行動不要說是人類了，就連身爲動物都不及格。

話雖如此，對於中高年世代而言，突然要在耳邊說些綿綿情話，或是來個熱情擁抱或許太困難。建議先從說「早安」或「你回來啦」之類的日常招呼時，看著對方的眼睛並面帶微笑；或者杯子空的時候不是大喊「喂，茶沒了」，而是主動幫對方泡杯好茶等開始。如果在出門時看到美味的點心就幫對方買一份，跟對方說「我覺得你會喜歡這個」等傳達溫暖心意的行動也不錯。此外，當對方幫自己做些什麼時，也千萬不要忘記說「謝謝」。

此外，如果是夫妻，先生平常積極參與家事及育兒也很重要。年輕一輩的男性，參與家事及育兒已經變成理所當然，但目前的中老年男性，許多人在過去都未曾照顧過家庭。拒絕性愛的妻子當中，也有不少人抱怨「先生完全不幫忙照顧孩子或做家

資料16　求愛12 階段

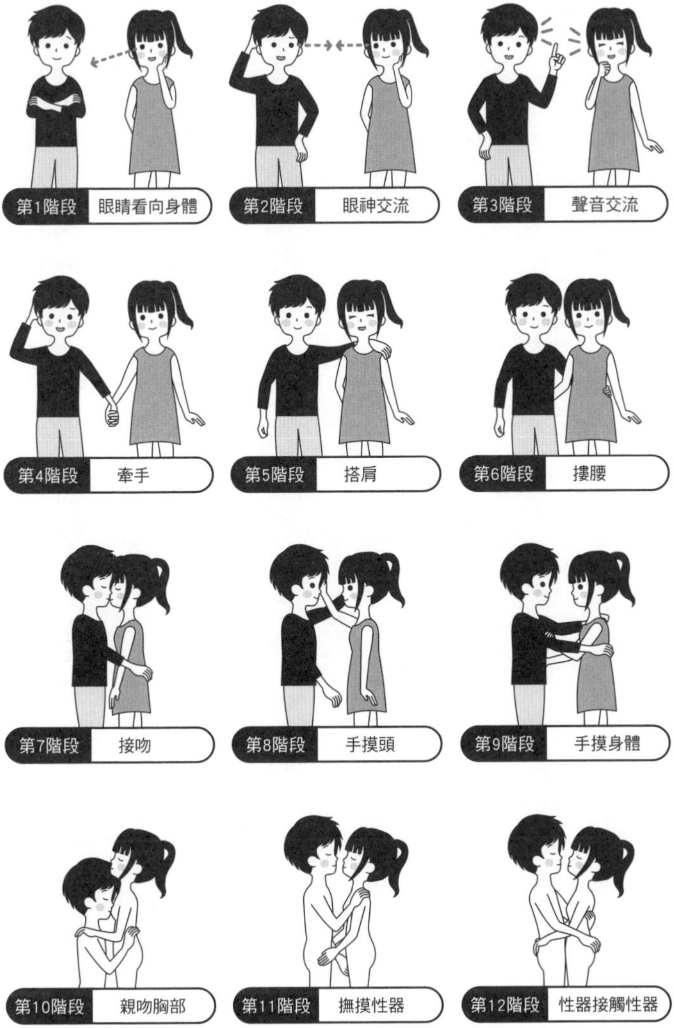

出處：參考日本婦產科醫學會《青春期是什麼？性是什麼？2019年度改定版》製作

事」。不滿累積了好幾年甚至好幾十年，到了中高年之後就變得無性……這樣的狀況也時有所聞。

而且獨自一人又忙家事又忙孩子，累到精疲力盡的妻子，也不會有精神與體力做愛。請不要忘記在性愛之前必須進行求愛行動，並且也要支援家裡的事情。

第2條 了解身體在中高年期會發生變化

每個人在步入中高年之後，身體都會發生變化，讓人感覺到「自己正逐漸衰退」。記憶力之類的學習能力、運動時的體力等，隨著年齡衰退也無可奈何，想必也有很多人對此已經萌生放棄的念頭。

然而也有不少人無法接受性功能也會隨著年齡衰退。某位七十多歲的前列腺癌患者，原本同意接受完全摘除前列腺的手術，而幾乎所有人在剛動完手術時都會發生勃起障礙。這名患者到了手術前夕，突然表示「想要避免不能勃起的狀況」，於是選擇了不會立刻失去勃起功能的放射線療法（長期來看依然可能導致勃起功能退化）。

不止這名患者，多數男性不管到了幾歲，都對勃起抱持著強烈的堅持，只要稍微感受到衰退就會擔心。然而，性功能無論如何都會隨著年齡而衰退，這是自然界的法則。

美國知名性學家金賽、麥斯特與強森的報告顯示「男性的性反應與性能力在十七～十八歲達到高峰，而後逐漸下滑」。

資料17顯示性荷爾蒙的分泌狀況隨著年齡增長所產生的變化。從圖中可知，女性在五十歲前後停經，而後女性荷爾蒙的分泌就急速減少，而男性荷爾蒙的分泌則是從成年之後就緩慢下降。

男性的變化雖然相較於女性緩慢，但出現什麼樣的症狀、嚴重程度如何等，卻有很明顯的個人差異。男性到了四十歲之後，不管在什麼時候出現何種程度的變化都不足爲奇。

因此，到了四十歲就要有「會發生變化是理所當然」的認知。變化的徵兆多半是早上的勃起變得無力、性欲低落、性愛途中突然軟掉等，如果出現了請勿過度驚慌，抱持著「年紀到了也是會有這種時候」的心情坦然接受吧！

話雖如此，依然能夠採取維持性反應與性功能的行動。

首先最好維持基礎體力。因爲肌力衰退直接關係到性功能，雖然不需要鍛鍊到身材健美，但維持下半身的肌力還是很重要。

資料17　男女的性荷爾蒙分泌量變化

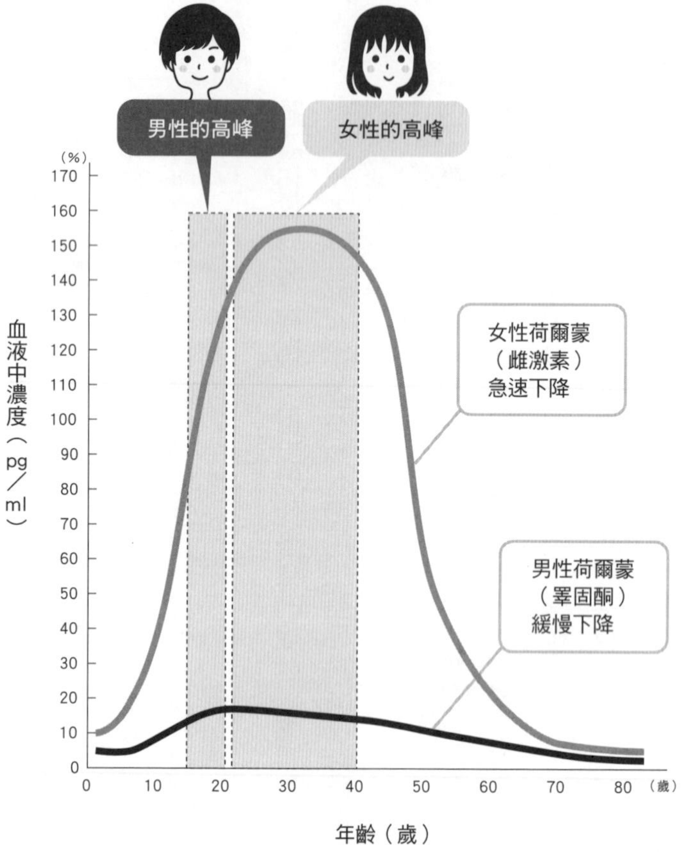

出處：參考《夫妻一起讀的性教育指南書》堀口貞夫・堀口雅子著（日本放送出版協會）的圖製作

這是因爲維持硬挺勃起的重要肌肉，是恥骨與肛門之間的「骨盆底肌」。骨盆底肌如網子一般支撐著體幹底部，同時也具有在根部（腳部）支撐與勃起相關的棒狀海綿體——「陰莖海綿體」的作用。

我想大家都知道，勃起的時候如果縮肛提臀，陰莖也會跟著翹起。這是因爲骨盆底肌收緊陰莖根部的陰莖海綿體的緣故。就如同用手捏緊水球根部，水球內的壓力就會升高，骨盆底肌緊縮也會使勃起變硬，陰莖上翹。

因此，骨盆底肌鬆弛，勃起也會變得軟弱無力，反之發達的骨盆底肌能夠使勃起變得硬挺強勁。

如果覺得「最近勃起的角度變低了」，那就建議縮肛提臀，鍛鍊骨盆底肌。無論是搭乘電車巴士、刷牙還是走路的時候，只要想到就頻繁進行。

附帶一提，歌舞伎演員總是精力旺盛，受到女性歡迎，而且很多人即使年紀大了依然生得出孩子……我總是覺得他們的祕密就在於骨盆底肌。用來維持姿勢的肌肉稱爲「核心肌群」，這組肌群顧名思義，位於身體的內部，而在最下方支撐著身體的就是骨盆底肌。

歌舞伎演員總是穿著10 kg以上的戲服打鬥、跳舞、擺出精準的姿勢，因此需要強韌的體幹。因此可想而知，他們的骨盆底肌必定遠比常人強韌。因此我會覺得歌舞伎演員精力旺盛的祕密就在於骨盆底肌，也是理所當然的事情。

話說回來，我也從覺得勃起角度變低的四、五年前偶然開始慢跑。平常在家附近晨跑，參加研討會或演講的時候，就在飯店周邊進行五～二十公里的「旅行慢跑」。

雖然我在跑步的時候，沒有特別提醒自己確實使用腰部與臀部的力量，但如果跑的距離很長，骨盆附近的肌肉就會鈍痛，因此確實有使用到骨盆底肌的感受。而實際上，勃起的角度也逐漸恢復了。

除了年紀之外，到了中高年也會因爲疾病的影響，導致性欲與男性器官出現異常。接下來將針對中高年常見的疾病與勃起障礙進行解說。

①男性更年期

男性也有更年期從二〇〇〇年左右才開始成爲普遍認知，算是頗爲近期的事情。漫畫家原平在各個媒體上發表自己對抗更年期的經驗，更迅速提高了大眾對男性更年期的認知度。

但直到今天，即使因爲中年的精神問題而前往醫院看診，也很少會檢查男性荷爾蒙値，多半都被當成「原因不明」或「憂鬱症」。

因此這些男性遲遲沒有接受更年期診斷與適當治療，導致症狀難以改善，成爲一大問題。

男性更年期是男性荷爾蒙缺乏導致的身體不適，正式名稱（病名）是「遲發型性腺功能低下症（LOH症候群）」。其特徵是除了性欲與勃起功能衰退等性功能症狀之外，也會出現失眠與憂鬱等精神症狀、疲勞感與關節痛等身體症狀，症狀就和女性更年期一樣五花八門。

不過，相較於女性更年期容易出現在停經前後五年的約十年間，男性更年期的特徵則是發病年齡層廣泛，快的人三十多歲症狀就會出現，慢的人七十〜八十多歲才會出現症狀。

此外如同前述，也有不少人一直沒有被診斷出LOH症候群，並在這樣的情況下持續服用好幾年的抗憂鬱劑與助眠劑。很少人會因爲心情低落或失眠而走進泌尿科或男性診所，這也是無可厚非，但如果出現這些症狀，而且即使接受其他科的治療依然不見改善，就建議前往泌尿科或男性診所接受檢查。

在此也介紹使用於診斷LOH症候群的「AMS（Aging Males' Symptoms

Scale）量表」供各位參考（**資料**18）。

ＡＭＳ是針對精神・心理、身體、性功能等十七個項目的自我評量型症狀量表，分成五階段計分，合計分數26分以下是正常、27～36分屬於輕度症狀、37～49分屬於中度症狀，而50分以上就是重症。如果懷疑自己有問題，最好確認看看。

如果前往醫療機構看診，除了這份量表之外，也會進行男性荷爾蒙「睪固酮」的檢查。日本將血中游離睪固酮質未滿8.5 pg／ml，定爲ＬＯＨ症候群介入治療的基準值。國際上則將血中的總睪固酮值300～320 ng／ml以下定爲介入治療的基準值。

男性荷爾蒙數值過低時的基本治療，就是男性荷爾蒙（睪固酮）補充療法。每兩～四週一次，以注射方式投藥。

雖然有報告指出女性荷爾蒙補充療法與乳癌及卵巢癌的關聯性，但睪固酮補充療法導致前列腺癌的可能性，幾乎已經完全被否定。反而還有報告顯示，睪固酮值低的患者，更容易罹患惡性度高的前列腺癌。

不過，爲了保險起見，如果對五十歲以上的男性投與睪固酮，會先檢查有無罹患癌症再開始。

有一點必須注意的是，男性荷爾蒙很難完全光靠數值診斷。這是因爲對於男性荷

資料18　男性更年期（LOH症候群）診斷用量表

Heinemann 等製作的Aging Males' Symptoms Scale（AMS）量表

	症狀	無	輕微	中度	重度	非常嚴重
	分數	1	2	3	4	5
1	整體來說，身體狀況並不理想（健康狀態，本人自己的感覺）					
2	關節與肌肉疼痛（腰痛、關節痛、手腳痛、背痛）					
3	嚴重盜汗（在意想不到的情況下突然流汗，與緊張與運動等無關）					
4	睡眠困擾（難以入睡、無法熟睡、早睡早醒，睡醒依然疲倦、淺眠、睡不著）					
5	經常想睡、感到疲倦					
6	心情焦躁（遷怒、因為一點小事就立刻生氣、情緒不佳）					
7	變得神經質（容易緊張、精神不穩定、坐立不安）					
8	不安感（恐慌狀態）					
9	身體疲勞或行動力衰退（整體的行動力減退、活動減少、對休閒活動不感興趣、缺乏成就感、如果不督促自己就什麼都不做）					
10	肌力低落					
11	情緒憂鬱（消沉、悲傷、易落淚、缺乏動力、心情起伏不定、無用感）					
12	感到「已經過了高峰期」					
13	力氣用盡，覺得自己正在谷底					
14	鬍子生長速度變慢					
15	性能力衰退					
16	早晨勃起（晨勃）的次數減少					
17	性欲低落(性行為不愉快、提不起性交的欲望)					

症狀程度　17～26分：無、27～36分：輕度、37～49分：中度、50分以上：重度

出處：日本泌尿器學會編《遲發型性腺功能低下症——LOH症候群——診療指引》

爾蒙的感受性因人而異，有些人即使數值低也不會有問題，但有些人原本數值很高，而只不過降低到一般人的狀態就出現嚴重症狀。換句話說，即使抽血檢查的數值正常，也有罹患ＬＯＨ症候群的可能性。

因此除了抽血檢查的數值之外，也必須參考本人是否有自覺症狀等，進行綜合性的判斷。

首先確認是否有癌症的疑慮，接著如果本人有意願就投與藥物，觀察痛苦的症狀是否改善。本院每隔二～四週投藥一次，持續觀察三個月～半年，再根據必要判斷是否延長。

其他的男性荷爾蒙藥物還有軟膏。但軟膏只有市售藥，沒有處方藥。目前日本販賣的軟膏只有「固酪敏」（**資料19**）一種，一般藥局就能買到。使用方法是早晚取適量塗抹在陰囊或顎下等，但不管塗在哪裡，吸收的濃度都差不多，因此只要選擇自己容易塗抹的部位即可。

男性荷爾蒙軟膏大幅改善了父親的更年期

其實我的父親，也因爲這種軟膏型的男性荷爾蒙補充劑而改善了ＬＯＨ症候群

資料19　使用軟膏補充男性荷爾蒙

藥局就能買到的男性荷爾蒙軟膏「固酪敏」

的症狀。

父親六十多歲時，我偶爾回家看到他總是情緒焦躁，莫名其妙生氣，經常看似疲倦地躺著，因此有點在意。於是某次回家時，我就試著帶「固酪敏」回去。

但還是很難開口請他試用，就在我猶豫著要不要拿給他時，父親主動找我商量：「說老實話……最近狀況似乎不太好。不但懶得動，也一直都覺得情緒低落，我想該不會是更年期吧？」

父親察覺自己的變化並暗自煩惱，於是我立刻跟他說「其實我帶了這個」，把「固酪敏」拿給他。

後來父親的症狀明顯改善，過了大約一個月，他不再焦躁與消沉，恢復了原本的精神。

父親也覺得「這個軟膏不錯，讓我恢復元氣」，所以似乎持續使用了一年左右。

如同前述，LOH症候群的發病時期很廣，快的人三、四十歲左右就會發病，但也有像我父親那樣，到了六十多歲退休之後才發病的案例。明明無論工作與嗜好都沒問題，覺得「自己應該還行」，但從某段時期開始，就不管怎麼努力都不順利……這時就容易陷入自卑、消沉、焦躁的情緒。

這種情況多數會被診斷爲「憂鬱症」，但其中也有一些症狀是LOH症候群導致，而同時罹患憂鬱症與LOH症候群的情況也不少。

這時採取睪固酮補充療法有機會改善症狀，或是憂鬱症的藥物也有機會減量。甚至還有機會找回原本失去的勃起與射精功能，因此如果自已心裡有數，建議去找專科醫師看診並接受檢查。

②前列腺肥大症

雖然與勃起沒什麼關係，但前列腺肥大症是導致射精變得困難的原因之一。

前列腺是製造精液的臟器，現在已經知道會隨著年齡逐漸肥大。在射精變得困難之前，經常會出現排尿困難（尿液不容易排出）、夜間頻尿與殘尿感等症狀。

即使沒有排尿症狀，有時候也能透過肛門觸診（直腸指診）與超音波發現前列腺肥大，因此如果心理有數，最好接受檢查比較安心。

③生活習慣病造成的動脈硬化

高血壓、糖尿病、血脂異常等對血管造成傷害、引起動脈硬化的生活習慣病，也會直接對男性生殖器官造成不良影響。

距離心臟愈遠（愈接近末梢）的動脈會變得愈細。如果動脈的內腔因動脈硬化而變得狹窄，血流就會從末梢的細微動脈開始惡化。陰莖的動脈非常細小，是身體末梢中的末梢，因此如果發生動脈硬化，血流就會率先變得不順暢，導致難以勃起。這樣的症狀稱爲「動脈性勃起障礙」。

尤其是糖尿病，不只血管出問題，也會引起神經障礙，因此發生勃起障礙的時間點比平均早十〜十五年，而且35〜90%的患者都會發病。

陰莖發生動脈硬化時，大腦與心臟等重要部位的動脈也可能出問題。實際上，因高血壓導致腦梗塞、腦溢血與心肌梗塞的患者中，也經常在發病前就出現勃起障礙。

如果有勃起障礙的自覺，卻尚未接受高血壓、糖尿病及血脂異常的診斷，建議盡快前往醫院，接受醫師診察。

如果是輕度～中度的動脈性勃起障礙，威而鋼等勃起障礙治療藥物（PDE5阻斷劑）有時也能產生效果。所以關於這方面也最好諮詢專科醫師。

④高度肥胖

根據美國以男性醫療從事者爲對象進行的追蹤研究（Health Professional Follow-up Study:HPFS）發現，肥胖指數BMI增加，勃起障礙的風險就會提高。

或許因爲日本的高度肥胖者較少，沒有數據可以證明日本人的肥胖與勃起障礙之間的因果關係，但有數據指出引起肥胖的運動不足將導致勃起障礙。

反之，現在也已經知道，每週慢跑兩小時三十分鐘以上，就能降低勃起障礙的相對風險。

此外，肥胖者多數罹患「睡眠呼吸中止症」，而也有報告顯示其患者多數有勃起障礙的問題。至於原因則眾說紛紜，譬如睪固酮分泌減少、交感神經過度亢奮與海綿體障礙等。

無論如何，肥胖會導致勃起障礙風險提高這點無庸置疑，所以請透過適度運動維持肌力與適當的體重吧！

第3條　不應該眷戀過去的豐功偉業

想必也有不少男性曾有過各種關於性的勇猛事蹟，譬如「我年輕的時候可是一夜七次郎」，或者「我可以不抽出來連射兩次」等。

然而到了中高年之後，不能再奢望擁有與年輕時相同的表現，而且更重要的是，與你一同步入中高年的伴侶，也不再像年輕時那樣期待過度的性愛。

首先，中高年期與十幾、二十歲相比，性衝動明顯減退，性經驗也變得老練而豐富，因此如果沒有特殊的性刺激，就不會產生性的興趣、性的思考與性的幻想等。各位或許還留有年輕時光是摸到女生就能立刻勃起的印象，但各位要知道，隨著年齡增長，性交經驗增加，勃起需要比年輕時更充分的性刺激。

具體來說就是嘗試未曾試過的事情。或者也可以改變環境，前往與平常不同的地方等，探索彼此的刺激。不過，這些嘗試當然都必須取得對方同意。

此外，年齡也會影響高潮。根據前面提到的性科學家麥斯特與強森的研究，「男性的高潮在青春期達到高峰，而後明顯衰退」。

從獲得高潮後到下一次高潮間的無反應期愈來愈長，射精的不可避感也變得愈來愈模糊。而另一方面，在女性身上則看不到年齡對高潮的影響。

總而言之，性反應的程度依年齡而異，因此只要配合當時的年齡找出自己的答案即可。即使不像年輕時那樣能夠來好幾次，高潮的程度也不再那麼激烈，最重要的還是找出能夠讓兩人都覺得舒服、滿意的享受方式。即使途中軟掉沒有射精，也依然保有「下次再來」的從容感最理想。

只要一開始先告訴伴侶「我可能無法做到最後，但到了這把年紀也是會有這種時候，請不要在意」即可。步入中高年之後，請別再認為無法做到最後是恥辱吧！

第４條　必須與對方針對「性」進行討論

江戶時代的知名町奉行（譯注：掌管地方行政、司法的職位）大岡越前守在調查某對悖德的男女時，男方辯稱「我只是回應女方的誘惑」，但因為女方年事已高，大岡越前守對男方的辯解感到懷疑，於是回家問母親：「女性的性欲能夠維持到幾歲呢？」母親則默默地撥動火盆裡的灰燼（意思是女性就算死後化成灰都依然有性欲）。這則故事相當有名。

然而現實中，不少男性則認爲中高年女性對性已不再積極。

二〇一二年日本性科學會性研究會針對中高年性事進行調查，回答「對方欲望（性欲）遠比自己低落」的人，在四十歲以上的男性中占39%，女性占7%，回答「對方的欲望（性欲）遠比自己強大」的人，在男性中占3%，在女性中則占27%。

多數情侶或夫妻，都呈現男方性欲旺盛，女方則清心寡欲的模式，但另一方面，仍有約二成的男女，雙方都回答「欲望的程度和對方差不多」，即使年齡層相同，每個人或每對男女之間依然有很大的差異。

因此當中高年的男性希望與伴侶發生性行爲時，首先必須與對方針對性事進行討論。高齡期的性想必幾乎都不是以生殖爲目的，因此也可說是溝通的性、確認自己活著的性，而非只是性器的結合。

中高年有中高年享受性愛的方式。請兩人一起針對這點思考。如此一來，想必就能品味與年輕時不同的性愛，感受不同的愉悅。

觀察我身邊的中高年族群，長年維持圓滿性關係的夫妻或情侶中的男性，全都溫柔、穩重、擅長傾聽。他們面對女性時的眼神、聲音、舉止都散發著溫柔。就如同「求愛十二階段」一樣，在與女性的日常溝通當中，包含了充分的求愛行動。

長年相伴的夫妻，經常在互相熟稔中逐漸失去這些求愛行動，我覺得非常可惜。因爲無性生活明顯出現在夫妻之間，即使步入中高年依然單身的女性，就能夠從與伴侶之間的性事獲得高度滿足（**資料**20）。這份資料證明了，擁有交往對象的單身者，更能享受活躍且豐富的性生活。

換言之，即使步入中高年，女性的欲火也並非無法點燃。只要接受用心的求愛行動，就一定能夠燃起欲望，雖然點燃的速度或許不再像年輕時那麼快。

如果向伴侶求歡被拒，建議先反省自己過去的言行舉止，重新與伴侶討論這件事情。先試著平靜地詢問伴侶，爲什麼會對性事失去興趣。

求愛遭拒往往會覺得彷彿自己的一切都遭到否定，因此也有很多人深受傷害，放棄再一次求愛。

但就如同前面所舉出的喝茶的例子，對方可能只是覺得累，沒有那個心情。如果伴侶是女性，或許有更年期常見的性交疼痛問題；如果是男性，則或許是勃起或射精的問題。

這時候請兩人一起討論是否要接受專科醫師的診察與治療，或者提議試著使用潤滑劑增加濕潤度等，彼此提出各式各樣的解決方法。

資料20　與伴侶之間的性行為所帶來的精神滿足的差異
（單身女性與有配偶女性之比較）

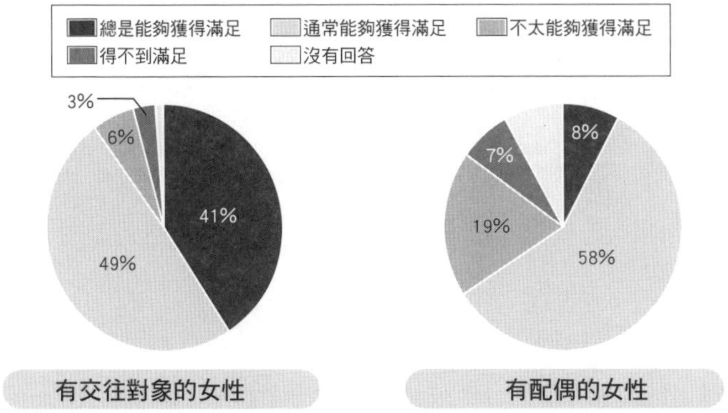

有配有者為1999年10月～2000年3月，以住在關東圈的四十～七十九歲共601名女性為對象。單身者則為2002年9月～12月，以住在關東圈的四十～七十九歲共263名女性為對象。

出處：日本性科學會性研究會「性生活所帶來的精神滿足」調查

此外，就算對方求愛，也可能是自己提不起興致。如同前述，倘若原因出在中高年的身體變化，就必須把這件事情告訴對方並取得理解。因爲如果伴侶什麼都不知道，說不定會煩惱「該不會是自己失去魅力」。

中高年女性想要的不一定是被堅硬勃起的陰莖插入，或者對方的射精。只有肌膚之間的接觸愛撫而不插入，對方可能反而更開心（參考**第8條**）。請與對方好好談談，兩人一起尋求有沒有什麼方法能夠進行性的交流。

如果其中一方想要做愛，但另一方一點也不想，或許也可以討論使用性服務或交換伴侶的可能性。畢竟性可說是人類的三大欲望，對於還希望擁有性愛的人而言，禁止他去尋求性愛，將會大幅降低生活品質。

各位或許會覺得「只不過是無法做愛，哪有這麼誇張」，但每個人的價值觀都大不相同。對於某些人來說，性即使不是活著全部的意義，但絕對是占據重大比例的要素。

雖然某些方法在夫妻之間有點難以實行，但討論彼此的想法，找出妥協點是一件重要的事情。

第5條　必須確保能夠專注於性行為的環境

都會區，尤其是市中心的住宅，很難確保擁有充分隱私的獨立空間。實際上，不少夫妻表示，不再擁有性生活的其中一項理由就是「擔心被孩子發現」。我的患者中，也有許多男性「做愛的時候光是聽到孩子的聲音就會軟掉」。

男性對環境尤其要求，因爲如果不在放鬆的狀態下就無法維持勃起，因此倘若不是能夠專注於性行爲、沒有干擾的環境，表現就會變得差勁。

這時候我都會說：「不要堅持在晚上做愛，只要有機會，早上或中午也可以。」

這也是因爲人到了中高年體力就會下滑，工作一天回到家後，也經常沒有多餘的體力或精力做愛。實際上，無性生活最常見的理由之一就是「疲倦」。

而且最近的孩子都是夜貓子，如果等到他們熟睡都已經是深夜了。明明累得半死還要撐到半夜太痛苦，而且隔天也要早起……於是無性的夜晚就不斷持續。

想要解決這個問題，就必須拋棄「做愛是晚上的事」這個偏見。睡飽飽恢復體力的假日早晨等，就是做愛的好時機。現在因爲疫情的關係，也有不少人在家工作，因此孩子們去上學的白天或許也不錯。

我也推薦兩人在假日白天一起前往賓館，可以在不同於平日的環境，享受非日常的性愛。

只要拋棄「性行爲是晚上在家做的事情」的觀念，就能發現過去未曾注意到的環境與時機。請兩個人一起尋找能夠沉浸在性愛當中的環境吧！

第6條　必須活用「言語的前戲」

所謂言語的前戲，不是成人影片中常見的那種，用猥褻的言語挑逗對方，而是撫慰、感謝、體貼對方的話語。譬如「你還好嗎？會不會累？」或是「有你在眞好，謝謝你」等。關係愈是親近，愈容易忘記向對方表達這些話語。

尤其在面對女性時，除了這些溫柔的話語之外，還必須注意「不要打斷對方的話」與「表示同理」。

我在診間發現這點。年長的男性患者，多半想要迅速且明確的答案，他們會問我「所以結論是我該怎麼做？你要快點告訴我啊」。反之，女性患者則多半想要傾訴從症狀初發到最後的一連串故事。因此給我「男性重視結果與解答，女性則重視過程」的印象。

前面也介紹過，我視為婦產科師父的松林秀彥醫師曾告訴我，「為女性病患看診的訣竅，就是聽她說話」。

的確，把所有一切都傾吐出來，直到滿意為止的女性患者，內心的擔憂一掃而空，表情也變得開朗。我們醫師等到這樣的狀態，再與她們一起討論症狀的原因與解決方法，這麼一來她們走出診間的腳步也會變得輕快。從她們身上可以清楚知道，「病由心生」不單純只是一句諺語。

男性往往自以為好心，想要盡快提出好的解決策略給來找自己商量的女性，因此會打斷她們的話，或是否定她們，然而這卻不一定是女性想要的。

很多男性都覺得在做愛的時候，「以堅硬勃起的陰莖插入陰道」與「射精」才能帶來愉悅。但女性對此是怎麼想的呢？如果能夠在性愛中獲得高潮，女性當然會深感滿足，然而在這之前，以感謝與撫慰的話語展開的溝通，更能夠滿足心靈並獲得喜悅，這才是女性眞正的想法。

就如同前文也提過的，女性的性反應相較於男性更緩慢，因此需要花更多的時間才能做好性行爲的準備。首先滋潤心靈，而後滋潤身體，插入前必須經過這些階段才算準備完成。

而滋潤心靈的就是上床之前的語言前戲了，具體來說，就是不要打斷女性的話，聽她說到最後，同理她的情緒，用溫柔的言語安慰她。即使到了床上，也請用溫柔的話語和輕柔的肌膚接觸，等待她做好充分的心理準備。

跳過言語前戲直接進入身體前戲，女性會變得冷感，更糟的情況甚至可能對對方抱持著生理上的厭惡感。陰道潤滑液的分泌量到了中高年會減少，而我認爲這其實也是言語前戲不足的關係。

如果過去未曾有過言語前戲，一開口就說「我愛你」，可能會招致對方的負面反應，譬如「爲什麼突然這麼說？好噁心」，或是「你做了什麼對不起我的事情嗎？」

這種時候也請不要放棄，邊觀察對方的反應，邊換其他的話試試看。譬如「每次都謝謝你」之類感謝的話，或者「我幫你泡杯茶吧」之類撫慰的話等，我想都比較容易說出口，也不會招致對方反感。

請每天嘗試不同的說法，直到獲得對方良好的回應為止。

第7條　透過按摩讓身心都放鬆

我經常建議無性的情侶或夫妻幫對方按摩。如果好幾個月，甚至好幾年沒有接觸對方的身體，在接觸對方的身體時就會有所猶豫，而這就成為一道門檻，導致錯失性愛的時機。

但如果只是揉揉肩膀、腰腿，按摩彼此的腳底，難度就會降低許多。當對方說「好累喔」「肩膀好僵硬……」的時候，就當成接觸彼此身體的好時機，自告奮勇幫對方按摩吧！換句話說，就像前項「言語的前戲」一樣，也把按摩當成前戲加入日常互動當中。對方也會因為得到撫慰而覺得開心。

然而按沒兩下就想做愛是不行的。尤其當對方「性」趣缺缺的時候，說不定反而會因此封閉心房，覺得「原來這才是你的目的」。如果演變到這種地步，請邊對對方說些體貼的話，邊重複一次又一次單純的按摩，一點一滴地縮短內心的距離。

第 8 條　插入並非必須

如同前述，人到了中高年，勃起力衰退是自然的現象，在插入時無法勃起、在做愛時軟掉的情況也逐漸增加。

這是年齡增長的自然現象，發生這種狀況也無可奈何，但陰莖的勃起關係到男性的自信與自我認同，因此不少男性都會感受到強烈的不安與焦慮。

甚至還有男性在意對方的想法，擔心「途中無法勃起會不會讓對方失望」「對方會覺得我是個糟糕的男人吧」，導致因爲恐懼而無法做愛。

但女性其實對插入與否沒那麼在意。尤其到了中高年，性愛的目的不再是懷孕，「愛情表現」成爲大多數女性做愛的動力。換句話說，最重要的不是插入，而是表現愛意。

因此如同前述，只要有包含「言語前戲」在內的愛撫，就有可能充分滿足女性。而且只愛撫陰蒂也能使女性獲得高潮。

反過來說，缺乏愛情表現的插入無法讓女性得到滿足。無法勃起的時候，請老實告訴對方「今天似乎無法做到最後」，只要有懷著愛意的肌膚接觸就夠了。中高年的性愛，插入不一定是必須。

第9條　不應該講求勃起時的硬度

就如同前條所說的，對插入懷有堅持的男性，大多數都覺得「爲了插入必須堅硬勃起」。然而到了中高年，即使勃起也無法再如年輕時那般硬挺，於是逐漸喪失自信，遠離性愛……這樣的例子也不在少數。

然而如同前述，女性並不如男性想像中那樣講求插入與堅硬的勃起。實際上，許多女性在接受性愛諮商時都表示「途中結束也無所謂」，或是「插入之後根本感覺不出硬不硬」。

其實就陰道結構來看，只有入口附近數公分有感覺，內部幾乎是沒有感覺的。譬如使用生理棉條必須放入陰道內，但由於放置的位置是無感覺的部位，因此無感到幾乎會忘記棉條就放在裡面。

換句話說，陰莖的硬度與大小，幾乎不會影響女性的敏感程度。

「又大又硬的陰莖插入」或許會帶來精神上的滿足感，但重要的是陰莖如何透過移動，對有感覺的入口附近進行刺激。而即使硬度稍有不足也不妨礙這點，可以邊嘗試在淺處移動、在深處移動、橫向或縱向移動等，邊觀察對方的反應。

此外，用嘴巴愛撫的口交，就算完全不硬也能給予伴侶充分的快感。女性到了中高年也因爲陰道潤滑液減少而不容易濕，帶有唾液的口交，對彼此而言都有莫大的助益。

因此不需要堅持硬挺的勃起，請探索兩人都能滿足的性愛吧！

第10條　必須容許「肌膚相親而不射精」「肌膚相親而不插入」

前面也提過，江戶時代儒學家貝原益軒所撰寫的健康指南書《養生訓》中，最知名的一節就是「肌膚相親而不射精」。其內容簡單來說，就是爲了健康著想，性行爲時最好不要射精。

雖然我總是反過來呼籲「愈常射精愈好」，但到了中高年開始覺得「不太行的時候，也可以肌膚相親而不射精、不插入」。如同前述，中高年有無法順利勃起的時候，也有無法射精的時候，又或者也可能因爲女性有痛感或異樣感而中途喊停。

但即使發生這些狀況，也不要迫不及待地回到各自的棉被裡，請務必再稍微繼續。因爲無論男女，接觸彼此的肌膚都能增添幸福感。而就生理學而言也有助益，能夠分泌讓人感受到幸福的荷爾蒙「催產素」。

條件符合就插入，似乎還行就射精。請抱持著這樣的態度，長久享受性愛吧！

第11條　積極活用情趣用品與潤滑液

性交疼痛是女性常見的性愛煩惱。根據調查，二十～四十九歲的女性約66％回答「性交時會感覺到疼痛」。雖然年齡愈低，這樣的傾向愈強烈，但到了中高年之後，也有半數以上的女性在性行爲中感覺疼痛，四十～四十九歲有63.9％，五十～五十九歲有59.2％，六十～六十九歲有56.8％。

性交疼痛到了缺乏女性荷爾蒙的更年期之後，更是逐漸增加。這是因爲缺乏女性荷爾蒙將導致陰道粘膜變薄、分泌機能衰退，使得陰道潤滑液不足，於是性交疼痛就容易發生。

中高年女性陰道順滑夜不足，除了「提不起興致」等精神方面的因素外，也可能明明「有性欲」，卻因爲陰道粘膜萎縮而發生這種現象，而這些症狀也可透過補充女性荷爾蒙治療。

我也建議使用潤滑劑作爲性行爲時幫助潤滑的方法。使用方法是在插入前，塗抹於男性或女性的性器官上。幫彼此塗抹潤滑劑等，也可以當成新鮮的愛撫來享受。

此外，市面上也販賣原本就含有潤滑劑的潤滑型保險套，可以多嘗試幾種，選出兩人喜歡的款式。

如果發生勃起障礙，使用成人玩具射精也是一個方法。很多人不知道，男性即使不勃起也能夠射精。

因爲前列腺癌而將前列腺完全摘除的患者，如果在術後希望接受恢復勃起的復健，我除了開立勃起障礙治療藥之外，也會建議他們使用「TENGA EGG」這款自慰輔助器具（**資料**21）。使用方法是在蛋形柔軟的矽膠製杯具中，塗抹附贈的潤滑劑，再套到陰莖上。如此一來就能獲得插

資料21　自慰輔助器具

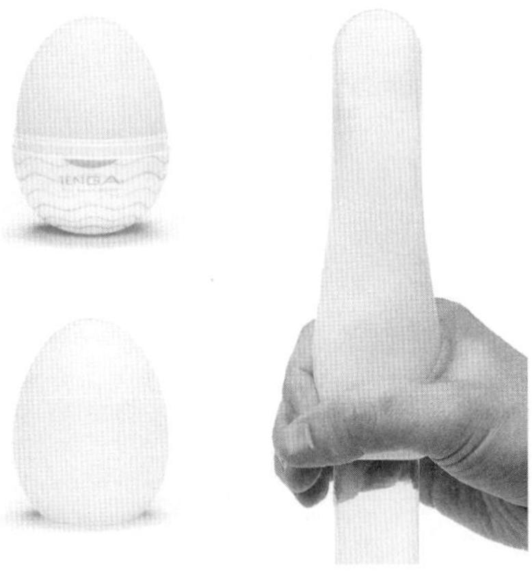

TENGA EGG：將附贈的潤滑劑塗抹於裝在蛋形容器中的矽膠製柔軟杯具，再套到陰莖上使用。

入女性陰道的快感，即使不勃起也能射精（雖然不會射出精液，但能夠獲得高潮）。因糖尿病等而有勃起障礙的患者也建議使用。

倘若勃起程度不足以插入，在伴侶的協助下將這類器具使用在愛撫當中，就能兩人都獲得愉悅，因此很推薦。

在勃起不足的情況下插入會導致活動不順暢，容易造成女性的性交疼痛。而且女性也如同前面所說的，到了中高年之後不容易濕，因此性交疼痛的可能性更高。與其試圖勉強插入，還不如靈活地運用潤滑液或情趣用品，探索兩人都愉悅舒適的性愛。

第12條　不要迴避自慰

不少男性都懷著「有性伴侶還自慰是一種恥辱」的價值觀。此外，進行不孕症的檢查時，會請男性在稱爲「取精室」的小房間裡自慰，將精液射進專用容器裡，但是也有不少人對此心懷抗拒。

尤其是年長的男性，似乎很多人都排斥自慰。但我認爲，不管到了幾歲都能夠把自慰當成一種紓壓方式，盡情地去進行。

性伴侶不在的時候、或是被伴侶拒絕的時候，就盡情地從事獨自一人也能獲得愉悅的自慰吧！

就如同本章開頭也提過，已婚的中高年男性，伴侶更是特別有可能不想做愛，因此無法透過性愛滿足的性欲，就只能利用自慰來滿足。

雖然不太建議年輕時這麼做，但上了年紀之後，邊觀賞VR（虛擬實境）的A片，邊使用TENGA EGG自慰杯，也能品味相當擬眞的性愛（如果對勃起有自信，建議使用插入型的TENGA）。

此外，也有報告顯示，射精次數愈多，前列腺癌的發病風險就愈低，所以千萬不能小看射精的健康效果。

像TENGA EGG或TENGA這類的自慰輔助商品，在網路商店等通路都能輕易買到。不妨試著享受新自慰生活吧！

第 6 章

射精障礙克服篇

本章特別針對因射精障礙而煩惱的讀者，傳授克服射精障礙所需的心態與方法。

射精障礙屬於一種性功能障礙，分成以下幾個類別。

○無精症・射不出精液

①逆行性射精：精液逆流至膀胱

②精液排出障礙

a.有射精感

b.無射精感

○性交射精障礙（晚洩，最後無法射精）

①自慰能夠射精

②自慰無法射精，但是會夢遺

○射精時機異常

①早洩：插入前射精，或插入後很快就射精

②晚洩：插入後長時間無法射精

○高潮感低落，或是缺乏

資料22　射精障礙的診斷步驟

精液	高潮（射精）		夢遺	射精的時機	射精後尿液中精子	診斷	補充
	性交	自慰					
無法射出	有		不問	不問	有	逆行性射精	
					無	精液排出障礙	狹義的 dry ejaculation
	無		有				也稱為極度的射精延遲
			無				狹義的精液排出障礙
能夠射出	有	有	不問	早	不問	早洩	
				晚		延遲射精（晚洩）	狹義的射精延遲
		無					無法進行精液檢查
	無	有					性交射精障礙

○射精時疼痛，射精痛
○其他只有自慰時無法射精

射精障礙的診斷步驟如**資料**22所示。

使用自慰杯治療性交射精障礙

尤其到了最近，罹患性交射精障礙的人數更是逐漸增加。

性交射精障礙有兩種模式，一種是自慰能夠射精，另一種則是連自慰都無法射精。前者多半是晚洩惡化後的結果，特徵是自慰時也需要很長的時間才能射精。後者則是比較特殊的狀況，將在本章的**第2條**說明。

性交射精障礙多數是因不適切的自慰習慣所造成的，典型的壞習慣是自慰時握住陰莖的力道過強。因爲一直以來都是用比陰道壓力更強的力道握著射精，就無法從陰道內獲得足以射精的刺激。

此外還有「在雙腿伸直緊繃的狀態下自慰（夾腿自慰）」「摩擦移動的速度過快（高速活塞運動）」「用蓮蓬頭沖」「給予陣動」等自慰習慣，都是導致性交射精障礙的原因。
這些情況都相對容易治療，只要重新學習自慰方式就能改善。

此外，將陰莖壓在地板上摩擦的「地板自慰」也會造成性交射精障礙。「地板自慰」的問題點在於養成沒有完全勃起就射精的習慣，因此如果完全勃起，即使插入也不會覺得舒服，這麼一來就無法射精了。

這種情況多半需要花很多時間才能重新培養在勃起狀態下射精的習慣，如果想要快點懷孕，有時也會在治療射精障礙的同時，進行人工授精等不孕症的治療，或是以不孕治療為優先。

逆行性射精則是由位於前列腺膀胱側的內尿道口無法順利收縮所導致。「安莫散平」（amoxapine）原本是抗憂鬱藥物，但二〇〇三年首度出現對於逆行性射精也有療效的報告，而後日本也有許多報告顯示其有效性，因此自二〇一九年起，使用安莫散平治療射精障礙也能適用保險了，現在已經成為醫師一般會開立的藥物。

關於早洩，能夠透過正確的自慰訓練改善。請不要再「想射就射」了，先忍住三次的射精感，到第四次再射（欲射又止法，Stop and start，將在本章**第 7 條**詳述）。只要持續練習這樣的射精方法，就能逐漸學會控制射精的時機。

這些射精障礙中，能夠靠自己的力量克服的是早洩，以及包含性交射精障礙的晚洩。因此本章「射精障礙克服篇」所介紹的法則，主要就是爲了克服這兩項問題。

克服射精障礙的射精道如下，接下來將依序解說。

第1條 射精始於自慰，終於自慰

有一句格言是「釣魚始於鯽魚，終於鯽魚」，釣魚的人想必都很熟悉。這句話的意思是，初學釣魚的人，先從能夠學習基本釣具使用方法的常見魚種——鯽魚開始，透過釣鯽魚體驗釣魚的樂趣，再進一步挑戰其他魚種。而自慰就是射精道的鯽魚。

當然，也有人連釣鯽魚都沒體驗過，剛開始學釣魚就迷上釣大魚。這樣的人只要能夠順利使用工具，也沒有任何問題。

同樣的道理，即使沒有體驗過自慰射精，第一次射精就是性行爲，只要能夠完美控制射精也無所謂。如果能夠接受極度優秀的指導者啓蒙，或許就能辦到。

然而，就如同第2章「青春期篇」所介紹的，獨自在錯誤中摸索，經過一段時日才終於領會控制射精的方法，才是射精的基本。再強調一次，自慰是爲了正式上場所做的練習。這就和連揮棒都揮不好，當然不太可能一上場比賽就擊出全壘打一樣。

克服射精障礙的射精道

第 1 條　射精始於自慰，終於自慰

第 2 條　夢遺不算是射精

第 3 條　射精看的是次數

第 4 條　自慰時必須抱持著目的意識

第 5 條　想要射精，先將感覺集中在龜頭

第 6 條　練習能在短時間內射精

第 7 條　早洩能夠透過訓練克服

第 8 條　射精必定會伴隨著失敗，必須不斷摸索

第 9 條　避免與正式上場相去甚遠的自慰

第 10 條　可以想像精液更多、射得更遠

第 11 條　射精愈舒服愈好

第 12 條　實踐「小菜輪替」也可以

第 13 條　靈活運用禁欲

第 14 條　活用自慰杯

如果無法順利控制射精，請參考第 2 章「青春期篇」「爲了正式上場而進行自慰訓練」方式，從今天就開始練習。爲了學會控制射精，從幾歲開始練習都不遲。

第 2 條　夢遺不算是射精

誠如各位所知，夢遺就是在睡著的時候因爲做春夢而射精。

此外，還有一個大家較不熟悉的詞彙「遺精」，指的是沒有性行爲（包含自慰），精液卻自動流出的現象。

無論是「夢遺」還是「遺精」，通常都發生在無意識的時候，而夜間的遺精就是「夢遺」。這是一種生理現象，也就是精液不由自主地流出。很多人這輩子第一次射精就是夢遺。

不過，由於夢遺發生在無意識的情況下，所以當然無法作爲射精的經驗值累積。再強調一次，自己有意識地進行射精，也就是自慰，才能成爲準備面對正式進行性行爲的練習。即使每天都夢遺（但應該沒有這種人……），對於性行爲也沒有助益。

我在診間也實際看過好幾位只能在睡夢中射精的性交射精障礙患者，他們都沒有夢遺以外的射精經驗，但因爲想要懷孕，才與妻子一同前來看診。

其中有一名三十多歲的男性，他對於成人影片幾乎不感興趣，甚至沒有看過。他雖然能夠勃起，卻沒有明顯的高潮，因此我判斷他未曾經歷過有意識的射精。

檢查之後發現他的睪固酮值低落，因此睪固酮補充療法與自慰指導（射精指導）雙管齊下，最後他終於能夠在陰道內射精了。

可見得只要基於正確的知識進行正確的自慰，就能確實應用在正式的性行為。能夠勃起也能插入卻無法射精，但是會夢遺……遇到這種情況，只能解決技術上的問題。

希望各位如果遇到無法射精的情況不要放著不管，請透過正確的自慰了解射精方法，藉由反覆練習取得在性行為中射精的能力。

第3條　射精看的是次數

「射精無法一天就學會」這句話是我編出來的，而我自認為這是一句名言。

就如這句話所表達的，精準控制下的舒適射精，不是一、兩天的自慰就能立刻學會。有射精障礙困擾的男性，自慰射精頻率如果只有每週一次，或者每十天一次，射精技術不太可能達到理想的程度。

回想我自己的狀況，我記得自己日復一日努力練習自慰，花了半年以上的時間才能隨心所欲控制射精（每次都舒適地射精）。在此之前，有時射了一點出來卻沒有爽快感，或者比預期更快射出來等，總是覺得有哪裡不太滿意。即使我每天挑戰，依然花了許多時間，才能在預期的時間點痛快地射出來。

這就像練習翻單槓或騎自行車一樣，必須一天又一天地練習，才能學會技術並掌握訣竅。如果練習不是每天進行，想必要花更多時間才能學會。

性交射精障礙的患者，由於射精狀態總是不理想，經常有不知不覺就因爲麻煩，逐漸連自慰都不太進行的傾向。然而這麼一來，症狀就永遠無法改善。

所以我總是告訴他們「爲了克服性交射精障礙，請每天練習我所傳授的方法。如果無法每天練習，建議至少每週練習兩到三次」。

基本上用手自慰即可，但前面介紹的 TENGA 能夠在接近陰道內的環境射精，所以如果經濟許可也很推薦。

第 4 條　自慰時必須抱持著目的意識

爲了克服射精障礙所進行的自慰練習，終極目標是「能夠在陰道內舒服地射精」。所以如果自慰的刺激方法與正式的性行爲相去甚遠，就無法成爲有效的訓練。因此最重要的是自慰的方式必須與性行爲時獲得的刺激類似，譬如將手圈成筒狀，以近似陰道壓力的力道摩擦，或是使用插入感與陰道內環境相近的自慰杯等（詳情將在**第14條**說明）。

前來我任職的醫院不孕症中心接受診療的男性，約15％罹患射精障礙，其中半數以上屬於性交射精障礙，占整體的約8％。這些人只要透過有目的意識的自慰，找回在陰道內射精的能力，所有人都有機會擁有孩子。

實際上，許多性交射精障礙患者的精液狀態良好，無論是精子數量還是活動力都無可挑剔，只要能夠在陰道內射精，就有充分的能力使伴侶懷孕。我每次看到這些患者的檢查結果，都在心裡對他們喊話：「就算不接受昂貴的不孕症治療，只要透過正確的自慰掌握射精訣竅，學會在陰道內射精，你們自然就能讓伴侶懷上孩子。加油啊！」

事實上，目的意識強烈的人，克服早洩、找回陰道內射精能力的速度，快過我們的想像。某位因爲地板自慰而罹患性交射精障礙的三十多歲男性，不摩擦棉被就無法射精，於是他想出了將TENGA固定在棉被上，自己將陰莖插到裡面擺動腰部的自慰方法。他認爲，這麼一來就能營造更接近正式性愛的環境。接下來他請伴侶趴臥在床上，以從背後插入的體位進行性行爲，最後成功在陰道內射精。他爲了營造接近性行爲的環境，自己思考方法並分階段實行，眞的非常優秀。

像這名男性這樣，發揮創意思考在正式性行爲中順利射精的方法，並透過自慰反覆練習，必定能夠改善射精障礙的問題。

第5條　想要射精，先將感覺集中在龜頭

我偶爾會看到一些無法透過自慰順利射精的人，在自慰時完全沒有刺激龜頭。龜頭指的是陰莖上方鼓起來的部分，這個部分最爲敏感，自慰時可透過集中刺激龜頭達到射精，即使是包著包皮的狀態也沒問題。

完全沒有刺激龜頭的人，因爲只摩擦龜頭下方相當於「桿子」的部分，所以不太能夠獲得快感，很難達到足以射精的程度。

治療心因性的勃起障礙時，有一種稱爲「感覺集中訓練」的行爲療法。這是一種擺脫「必須勃起」「必須做到最後」的壓力，將感覺集中在陰莖上的訓練。每位醫師集中的部位與過程都各不相同，而我則將這種療法使用在性交射精障礙的治療，告訴患者「做愛時請無論如何都只將自己的感覺集中在龜頭」。

射精終究得透過龜頭感覺到的刺激來達成。畢竟自慰的時候，刺激也應該會集中在感覺最敏銳、最能感受到帶來射精刺激的龜頭。

如果伴侶願意協助，可以將龜頭淺淺地插進陰道裡，在淺淺插入的狀態下擺動腰部，就能使龜頭獲得重點刺激。而後再深淺插入反覆交替，調節刺激龜頭的深度與擺動的速度。請把持續透過「刺激龜頭（舒服）」的插入與擺動，達到陰道內射精當成目標。

第6條　練習能在短時間內射精

需要花很長的時間才能射精的晚洩與性交射精障礙，必須進行能夠在短時間內射精的訓練。

提到晚洩，很多男性都會說「能夠持久不是很好嗎？」但這也不一定。晚洩男性的伴侶，多數因為一次性交需要持續插入二十分鐘、三十分鐘而精疲力盡，而且每次都這樣實在很討厭，也有人最後甚至拒絕性交。長時間的性愛，也可能導致女性陰道發炎。還有夫妻或情侶因為這樣而變得無性。

看A片的時候，經常看到男優若無其事地持續插入好幾十分鐘，但這樣的劇情只是幻想。眞實情況是，如果每次都插入好幾十分鐘，會導致伴侶力氣耗盡。

此外，男優經過訓練，能夠在自己想射精的時候射精，所以他們不是晚洩，這種「能夠一定程度控制自己射精時機」的技巧非常重要。

晚洩的一大原因，就是沒有透過適當的自慰學會控制射精的技術。請先把輕輕握住也能射精當成目標。如同包覆陰莖般輕握，再輕柔地刺激龜頭。握著的力道時強時弱無所謂，但不能一直都很用力握。使用接下來將在**第14條**介紹的，以治療重度晚洩爲目的開發的自慰杯也很有效。

「必須快點射精」的想法會形成壓力，因此總之請專注在龜頭的舒服感。

原本必須花三十分鐘才能射精的人，先以十～十五分鐘就能射精爲目標。如果能在五分鐘以內射精，那就是理想狀態。

第7條　早洩能夠透過訓練克服

關於射精的諮詢，最多的就是「早洩」與「晚洩（性交射精障礙）」。

在有早洩困擾的人眼中，往往會覺得「眞羨慕晚洩的人能夠長時間享受性愛」，但其實就專科醫師的角度，我敢說「早洩遠比晚洩更容易克服」。因爲晚洩的治療辛苦多了，也很難治得好。

根據美國精神醫學會的精神疾病診斷分類「DSM－5」，早洩的定義是「與伴侶從事性行爲時，持續且反覆地在插入陰道的約一分鐘以內，且對方還不希望射精前就射精」。

從插入到射精的時間約三十秒～一分鐘以內是輕度，約十五～三十秒以內是中度，約十五秒以內、性行爲剛開始時或性行爲前射精則是重度。

即使沒有那麼快，只要性行爲持續的時間不如預期，都可算是早洩。前面也介紹過的知名性科學家海倫．辛格．卡普蘭表示：「早洩的問題不在於時間，而是在於無法隨心所欲控制射精反射」。

那麼，該怎麼做才能「習得控制射精的能力」，能夠忍住高度興奮，在期望的時間點射精，而不是反射性地射精呢？

其方法一言以蔽之，就是「不斷地進行忍著不射精的訓練」。至於訓練方法則有「欲射又止法」與「龜頭擠壓法」。

欲射又止法就是用手摩擦刺激陰莖，在快要射精的時候停止刺激。等到射精感變弱之後刺激再度開始，並同樣地在快到高潮時停止。這個過程反覆三次，在第四次時射精。無論是自慰時還是做愛時，每次都實踐這個欲射又止法。

至於龜頭擠壓法的自慰手法和欲射又止法一樣，但是在快要射精時，用食指與中指用力擠壓龜頭下方的尿道取代停止刺激，直到勃起幾乎消失爲止，等到射精感變得輕微後再度摩擦陰莖。這個過程同樣反覆三次，在第四次刺激時射精。

只要重複這樣的練習，四～十二週就能看見早洩改善的成效。

但看見成效也不能放心。請有意識地繼續訓練，直到每次射精都能隨心所欲地控制射精反射爲止。

第8條　射精必定會伴隨著失敗，必須不斷摸索

爲了能夠隨心所欲控制射精，必須一次又一次地反覆透過自慰練習。如同前述，即便已經能夠在一定程度上控制了，因爲環境的些微變化、改變伴侶或是當時精神狀態不佳等而失敗也不足爲奇。畢竟射精是生理現象，不可能百分之百成功。

「吃燒餅哪有不掉芝麻」，請不要因爲一、兩次的失敗就消沉或放棄。再思考其他的方法，繼續往前進吧！接受專業醫師的幫助也是方法之一。

第9條　避免與正式上場相去甚遠的自慰

因爲性交射精障礙而前來找我看診的患者，許多人從青春期的開始，就在與正式上場相去甚遠的條件下自慰。關於自慰「小茱」的危險性，已經在第2章「青春期篇」的**第14條**詳細解說，因此也請參考。

在半勃起狀態下以陰莖摩擦地板的地板自慰、用蓮蓬頭水柱沖洗陰莖、在夾緊大腿的狀態下用腿磨蹭……也有很多人不將雙腿伸直緊繃就無法射精，甚至還有人必須用電動按摩器刺激陰莖才能夠射精，自慰的型態可說是五花八門。

愈是像這樣在與實際性行爲相去甚遠的條件下自慰，就愈容易罹患性交射精障礙。自慰時，請把刺激形式接近陰道包覆陰莖的狀態，以及透過能夠實際想像眞實女性的材料獲得性的興奮視爲基本。

此外，如果不想生孩子，請務必配戴保險套。如果在戴套的狀態下無法順利射精，爲了習慣保險套而實際戴套自慰也是很好的練習。邊想像對方正在等待，邊練習俐落快速地戴上，正式上場時就不會手忙腳亂。

此外，「讓對方懷孕就糟糕」的意識，可能會對某些男性造成強烈的妨礙，導致他們無法在陰道內射精。如果遇到這種情形，平常就先確實練習戴套，想必也能帶來「我已經做好避孕措施，射精也沒關係」的安心感吧！這也能夠成爲想像正式上場的練習。

雖然與正式上場相去甚遠的奇怪自慰並非絕對不行，但當成偶一爲之的樂趣比較保險。

第10條　可以想像精液更多、射得更遠

我想有經驗的人都知道，在想射精的時候完全不忍耐就射精，精液就會軟弱無力地流出來，而且這時候流出的精液量也會變少。

關於這點，在第 2 章「青春期篇」的**第 1 條**已經詳細說明過，是基本中的基本。反之，像本章**第 7 條**介紹的「欲射又止法」那樣，先忍耐到一定程度再射精，精液就能夠強勁地噴出，而且量也很多。

換句話說，爲了讓精液更多、射得更遠，每次都忍耐到一定程度後再射精是重要的習慣。

第11條　射精愈舒服愈好

前面介紹過，好的射精就是舒服的射精。而舒服的射精能夠飛得更遠，精液的量也會增加，所以能夠成爲好的射精。

精液的量與噴射距離增加，對於備孕也有正向效果，所以可說是百利無一害。如果自己也追求舒適的射精，就能讓射精的效果更好。

有些男性一開始就能在無意間辦到，但如同前述，多數情況下還是需要每天進行正確的自慰才能掌握訣竅。

第12條　實踐「小菜輪替」也可以

我也請性交射精障礙的患者，實踐第2章「青春期篇」介紹的「小菜輪替」。

前面也提過，如果只看性侵內容或成人動畫等，與現實相去甚遠的激烈影片，就會很難進行實際的性愛。除此之外，最近也推出虛擬實境的成人影片，相當於虛擬性愛的高刺激強度影片不斷登場。這些作品太過具有臨場感，完全可以騙過大腦吧？如果自慰時的「小菜」總是太過刺激，就會導致想像力（妄想力）低落，刺激不夠強烈就沒有反應，而維持想像力（妄想力）對於性愛是一件重要的事情。

如果自己心裡有數，請偶爾只看泳裝照片或光靠妄想自慰，學會在微弱的刺激下也能勃起射精。刺激強烈的 A 片並非完全不行，但最好偶一爲之即可。

第13條　靈活運用禁欲

我在前面都說，爲了克服射精障礙「只能不斷地射精」，但連日射精下來，也可能會變得很難射出來。這種時候，稍微休息一下或許就能改善。

前面也提過，基本上在日常生活中盡可能頻繁射精非常重要。但有些情況，特別是晚洩（包含性交射精障礙）的患者，如果過度練習可能會導致射精更加困難。除此之外，「必須確實射精才能結束」的想法也可能造成壓力。

因此，如果覺得射精比平常更困難，或是這樣的日子不斷持續，請試著禁欲一段時間。想像在自己體內累積性欲，等待性欲自然而然滿溢而出。

但禁欲期間不僅不要完全遠離關於性的事物，反而還要積極地透過視覺方式刺激性欲，祕訣就在於就算性欲稍微高漲也暫時忍耐。換句話說，請將性欲存放起來，嘗試「自我放置 play」。

用料理來比喻，就和「餓肚子是最好的調味料」是相同的道理。等到從「射精是一種壓力」的狀態，轉換成「想射精想得不得了」的狀態再射精，也能改善晚洩的情形。

第14條　活用自慰杯

重新學習正確的自慰，是治療錯誤自慰引起的性交射精障礙的主要方法，而上一章與本章多次介紹的TENGA自慰杯，也被廣泛地應用在性交射精障礙的治療。

某位多年來持續地板自慰導致性交射精障礙的患者，讓我第一次感受到TENGA的效果。他在國中時，就養成以浴室冰冷的牆壁摩擦陰莖直到射精的習慣，結婚之後也戒不掉這種自慰方式，因此雖然能夠做愛，卻從未經歷過在性愛中射精。只不過他在做愛時，總是假裝自己已經射精了，所以妻子並沒有察覺先生的性交射精障礙。

這名男性即使用手自慰也無法射精，於是我建議他使用TENGA練習。我請他先從硬式開始，如果能夠射精再嘗試標準型，等到成功射精再換成軟式，練習使用軟式的自慰杯射精。四個月後，他第一次體驗陰道內射精，大約每三次會有一次成功。

他從必須透過摩擦堅硬冰冷的牆壁所得到的刺激才能射精的狀態，階段性地習慣被柔軟筒狀，接近陰道內環境的事物包覆所帶來的刺激，最後成功改善症狀。

TENGA HEALTHCARE 現在應用這個理論，推出了以改善晚洩、性交射精障礙爲目的的「MEN'S TRAINING CUP FINISH TRAINING（**資料**23）」。一組自慰杯的刺激強度分成五個階段，從等級 1 到等級 5。

首先從刺激強烈的等級開始（等級 1、2：硬式），接著逐漸減弱刺激，等到能夠使用等級弱的刺激（等級 4、5：軟式）射精，就代表能在接近陰道內部的環境射精。

本院九成以上性交射精障礙的患者，最後都能使用這組訓練杯射精，並有約五成的人成功體驗陰道內射精。

而這個理論也能應用在早洩的治療。治療早洩時，則是反過來進行從弱刺激到強刺激的訓練。訓練工具「MEN'S TRAINING CUP KEEP TRAINING」同樣是 TENGA HEALTHCARE 的產品（**資料**24），先從刺激弱的等級開始（等級 1、2：軟式），等到插入時間拉長（從插入到射精的時間）再逐漸增強刺激，進行即使刺激強（等級 4、5：硬式）也能拉長插入時間的訓練。

使用自慰杯訓練的最大好處在於，即使沒有接受醫療機構的診斷也能自己進行。請靈活運用，克服煩惱吧！

資料23　改善晚洩．性交射精障礙的自慰杯

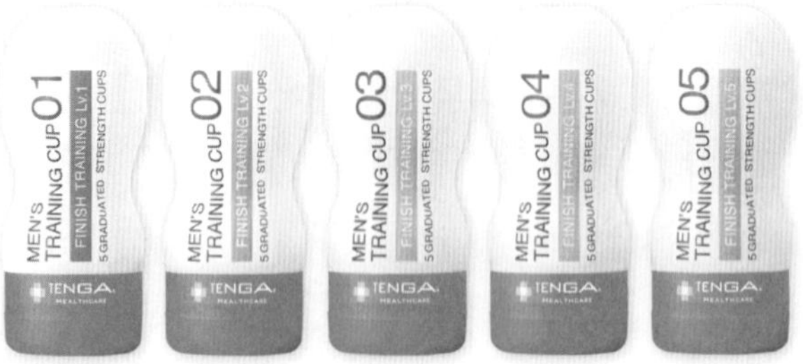

「MEN'S TRAINING CUP FINISH TRAINING」能夠自己在家進行改善晚洩及性交射精障礙的訓練。1組自慰杯有等級1到等級5共5種強度。自慰杯的內部構造接近陰道內部的感覺，訓練時將陰莖插入使用。

資料24 改善早洩的自慰杯

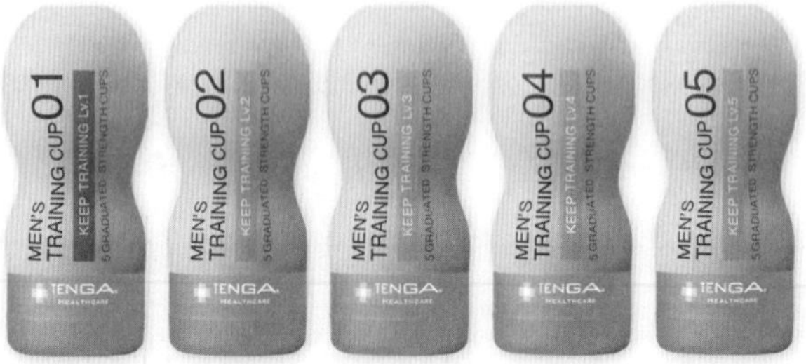

用來改善早洩的「MEN'S TRAINING CUP KEEP TRAINING」。分成壓力弱的等級1到壓力強的等級5，能夠透過分階段使用，進行逐漸拉長插入時間的訓練。

第 7 章

性教育黑歷史與自慰受難的日子

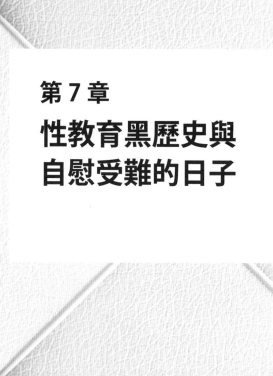

「男人自然能學會」的觀念為什麼危險？

我想讀到這裡的讀者已經發現，許多與男性的「性」有關的煩惱及問題，都源自於性知識的不足，或是錯誤的知識與認知。

雖然關於性教育的書近年來蔚爲話題，電視節目與報章雜誌等也開始製作性教育的特輯，但性教育依然很難稱得上普及，以男性爲對象的性教育完全不夠充分。

之所以會這麼說，是因爲在我的診間裡，因爲性知識不足而抱持著各種煩惱的男性絡繹不絕。

尤其在與射精障礙的患者談過之後，經常覺得「唉，如果有正確的性知識，就能避免這個問題了」。

有些國高中對性教育很積極，但也有一些學校不怎麼上心。而健康教育老師與校長的教育方針及意識，大幅影響一間學校面對性教育的態度。

而無論哪間學校，性教育的內容幾乎都以女性爲中心。關於月經與避孕方法等學得很確實，但關於男性的射精卻幾乎沒有學到。結果就是男性儘管多少理解性器官的結構與功能，卻幾乎沒有接受關於射精的教育，並且就這樣長大成人。

換句話說，大家都以爲男人「自然能夠學會」帶來正確射精的自慰，所以關於這部分都置之不理，而男性自己懵懵懂懂之下學會的錯誤自慰習慣，就成爲長大成人之後導致射精障礙的原因……這樣的狀況不在少數。

其中甚至還有男性深受家庭或社會把射精視爲禁忌的價值觀影響，對於射精抱持著罪惡感。

關於女性的月經，近年來「必須確實傳授」的意識，在教師與家長之間逐漸高漲。但關於男性的射精卻被隱約視爲禁忌，排除於性教育之外。

如果問我男性的性教育最重要的是什麼，我會毫不猶豫地回答「適切地自慰，適切地射精」。因爲除了控制性欲之外，爲了在將來正式上場（性行爲）時適切地射精，這點也是必須。

性教育應配合早熟的孩子

儘管日本的性教育依然落後，但也是克服了過去許許多多的苦難，才終於在最近提升到勉強算是基本素養的狀態。甚至還有一些教育現場，引進了堪稱性教育先進國的北歐式性教育，從八歲就開始傳授關於生殖器與生殖過程的相關知識。

我覺得這是非常棒的事情。

這是因爲日本中學教育的學習指導綱要中，有一條避免提及性行爲及懷孕的「踩剎車規定」，這條規定總讓我覺得不合理，因爲性教育明明會學到避孕與性病，那麼爲什麼「不能提及性行爲」呢？

而且還有很多大人相信「如果教了性行爲，就會有很多孩子想要試試看」「性教育會誘發性行爲」等奇怪的理論，成爲性教育遲遲沒有普及的原因。

早熟的孩子從小學中年級左右就開始對性抱持興趣，出現第一次射精或來月經。有些孩子到了國中就開始自慰，甚至還有性經驗。

雖然有政治人物對在性教育中傳授性行爲的老師說「睡著的孩子就讓他睡」，但有些孩子在小學的時候就已經覺醒。性教育應該配合早熟的孩子，而不是晚熟的孩子，否則在多數情況下都已經太遲。

我認爲把醒了的孩子放著不管，是太過缺乏責任感且危險的作法。在性方面已經覺醒的孩子，就必須及早讓他們牢記正確的知識。

第一線醫師看見性教育不夠充分的下場

我們醫師站在第一線，曾看過因爲自慰方法錯誤而導致射精障礙的男性，也看過不知道性行爲會導致懷孕，連自己遭受什麼樣的對待都搞不清楚，就因爲被性侵而懷孕的女孩，這些患者讓我們深刻地看見了性教育的重要性。

有些性犯罪者仗著孩子對性的不了解，用「不能跟任何人說」「我來幫你看看身體有沒有問題」等言語來接近他們。各位想必也知道，現在不只女孩子，男孩子也會成爲下手的目標。

換句話說，孩子們對性什麼都不懂這點，可說是助長了邪惡大人的性犯罪。我認爲從小學就必須確實地讓孩子記住世界上存在著性行爲，而這樣的行爲就和抽菸喝酒一樣，是長大成人之後才能做的事情，這也有抑制性犯罪的作用。

我自己從一九九八年開始爲性功能障礙的男性看診。他們有些罹患性交射精障礙，或因爲性知識不足而導致心因性勃起障礙，無法順利進行性行爲，我從爲他們看診的過程中得到一個結論，那就是爲了避免長大成人之後產生困擾，必須趁著學生時期就學習關於性的知識，於是從二〇〇一年開始從事性教育的活動。

然而，當時卻進入性教育遭到抨擊的「性教育寒冬時代」。這讓我思考，社會與教育界對於性教育根深柢固的排斥反應從何而來，並且試著探索性教育的歷史。

讚美自慰是「崇高行為」的江戶時代

談論性行爲及自慰，在現代社會莫名被視爲禁忌，但日本人原本卻是對性更加開放、肯定的民族。

舉例來說，十三世紀的《宇治拾遺物語》被認爲是提及自慰的最古老文獻。第一卷有一則「源大納言雅俊一生不犯之敲鐘者」的故事，裡面有一段提到，終生禁止性行爲的僧侶詢問「自慰應作何觀（自慰也可以嗎？）」。這段故事顯示，即使是必須禁欲的僧侶，有時也會靠著自慰紓解性欲。

此外，江戶時代的町民與農民等庶民階級，對於性的認知更是抱持高度肯定的態度。全球聞名的春畫，也清楚展現出這點。男女結合的部分，描繪得極爲寫實，以更大、更強調的構圖畫得栩栩如生，表現出自由、愉快享受性愛的樣貌。

實際上，性行爲在祭典的時候也被當成一種享樂的活動，以亂交、交換伴侶的形式享受。不只成人，出現第二性徵的農村男孩，也會由住在同一個村子的年長女性「開鋒」，教他們初嘗性事。這些男孩子們透過開鋒儀式，被嚴格灌輸性行爲的方式、能做與不能做的事情等禮節。換言之，他們接受的是超眞實的性教育。

反之，重視嚴格倫理的武家，在性方面則受到嚴格的限制，就連自慰也禁止。關於這點，先前多次提及的，當時儒學家貝原益軒所撰寫的健康書籍《養生訓》中，也以「肌膚相親而不射精（即使從事性行為也不能射精）」的形式表現出來。我雖然對於武士道的基本思想深感共鳴，卻完全不認同當時武家面對性事時的封閉認知。

對性自由開放的江戶時代庶民階級，對於自慰當然也非常肯定，會津藩的國學家澤田名垂所寫的《阿奈遠加志》，就如此讚揚自慰：

自慰此等男子之手技，無可比擬之崇高。無損聲譽、無損身體，若無煩擾世人，可謂聖佛之教誨。

（自慰是非常棒的事情。因為既不會損及健康，也不會對其他人造成困擾，是佛祖的教誨。）

由此可知，從前的日本庶民階級，既不認為自慰是宗教上的禁忌，也不覺得有罪惡感，反而視為男性理所當然的行為。

源自西方價值觀（自慰是罪惡）的「禁止自慰」

那麼，現代這種將自慰視爲禁忌的觀點，到底從何而來呢？這樣的觀點，來自於隨著明治時代的近代化引進日本的，立基於基督宗教文化的西洋價值觀。

西洋社會自十八世紀之前，就將不以生殖爲目的的射精，換句話說就是自慰與體外射精，視爲背叛神的行爲。從事性行爲終究是爲了懷孕，避孕的性愛只爲了獲得快樂，因此罪大惡極。

舊約聖經《創世紀》在第38章描述了「俄南之罪」。而俄南就是日語自慰（onani）的語源。

俄南之罪的故事是這樣的。猶大有三名兒子，分別是長子珥、次子俄南與三子示拉。長子珥在某天去世了，爲了留下後代，父親猶大命令次子俄南與兄長的遺孀他瑪結婚，並生下孩子。

但俄南違背父親的命令，每當與他瑪發生關係時，就透過體外射精將精液射在地上，於是「犯下了自慰（正確來說是體外射精）這條大罪」，並且被神懲罰。

到了十八世紀之後，自慰不僅被視爲宗教上的罪惡，甚至還出版了指出自慰有害身心的書籍。

其中《Onania》（一七一〇年出版，作者不明）是全世界第一本展開自慰論的書，裡面列出了自慰會導致「生長停滯、包莖、嵌頓型包莖、排尿疼痛、持續勃起症、痙攣、癲癇、勃起障礙、歇斯底里性痲痺、衰弱、不孕症」等各種症狀，並稱之爲「自慰所導致的恐怖後果」。但理所當然地，參考現代醫學就會發現，自慰不會成爲這些疾病的誘因。

此外《論自慰與疾病》（一七五八年出版，薩繆埃爾·奧古斯特·蒂索著）這本著作的結論，也認爲自慰是導致各種疾病的惡習。作者蒂索雖然是瑞士醫師，但他的結論也和前面提到的書籍一樣，完全沒有科學根據。但讀者受到他聳動的內容吸引，使這本書成爲全球暢銷書。而許多醫師認同蒂索的主張，相信「自慰將成爲罹患嚴重身體疾病的原因」。

到了十九世紀，自慰更是被視爲社會問題，醫師甚至致力於禁止。英美法的醫師認爲「自慰是精神疾病的原因，就如同會導致身體疾病一樣」，尤其強烈警告其與精神疾病之間的關聯性。當時的醫師使用「masturbatory insanity（自慰所導致的瘋狂）」這樣的概念，推廣自慰對大腦及神經組織造成不良影響的想法。

這種根深柢固的「自慰有害論」，直到二十世紀中旬都被視爲醫學常識，廣受許多人相信，並且也直接影響了明治時期的日本性教育。

日本在明治時期的性管制

明治時期（一八六八～一九一二年）的日本比起世界相對落後，當時的內閣爲了推動日本急速現代化，其政策逐漸偏向以殖產興業與富國強兵扶植資本主義。與此同時，也開始比照西洋社會，推動由國家主導的性管制。除了禁止出版、販賣春畫與猥褻圖書之外，過去在庶民之間視爲理所當然的澡堂混浴文化等也遭到禁止。

接著在一八七五年，由美國詹姆士・奧斯頓所撰寫的性科學書《造化機論》的翻譯本出版。這本書取代春畫成爲知識階級的讀物，並且相當暢銷。「造化機」指的就是生殖器。在這本書的影響下，誕生了基於解剖學知識的性領域全新翻譯名詞，譬如現在也經常使用的「陰莖」「陰唇」「會陰」「卵巢」等。

懷孕、生產的機制與避孕、生男生女的方法等也在這段時期被引進日本，與此同時，長久以來被負面看待的女性性欲，也逐漸變得正向。而「性愛一致的婚姻」這種現代的性道德觀，也同樣在這時候普及。

但另一方面，來自西洋的「自慰有害論」認知，也滲透到教育界及醫學界，逐漸成爲普遍的觀念。

事實上，一八九〇年公布的「教育勅語」中所提及的性教育，也告誡中等學校、高等學校及大學的男學生，不應該在學生時期「在性方面奔放」「擁有旺盛精力」及「滿足性欲」，並且嚴格禁止自慰與性交。

話雖如此，爲了國家的強盛，當時也推動「增產報國」的政策，強烈鼓勵在社會上獨當一面之後就生孩子。因此當時的男性在學生時期一味地禁欲，連自慰都不被允許，然而一旦結婚之後，社會就期望他們從事不避孕的性愛，生下許多子女。

這種教育政策的背景在於，一八九〇～一九一〇年左右，學生風紀紊亂、性病（當時稱爲花柳病）蔓延，站在教學第一線的教師儘管抱持著危機意識，卻苦惱於處理學生在性方面的行動。於是醫師們就發起爲了解決學生性問題的性教育。

然而教育界與醫療界面對性教育的態度卻背道而馳，分成以醫學者爲中心的「性知識教育推進派」，與以教育者爲中心的「性知識教育懷疑派」兩大陣營，後者的主張與現代相同，認爲「只傳授科學方面性知識的性教育將成爲刺激，說不定會助長不當的性行爲」。

舉例來說，醫學者主張在說明性行爲傳染病時，除了解說生理學的知識與感染機制外，也必須傳授以保險套爲主的預防方法。但教育者卻持相反論點，認爲教學生使用保險套，不就是在告訴他們享受婚前性行爲卻不用在意性病與非預期懷孕的方法嗎？

這正是阻礙現代性教育的「睡著的孩子就讓他睡」理論，而這樣的理論就從當時傳承下來。

換言之，教育者擔心學生成爲性欲的俘虜而荒廢學業，政治家則擔心人們熱衷於婚外自由性愛而忽略生小孩。

同時期從西洋引進的「自慰有害論」在教育界普及，以公衛及兒科爲主的醫學會也採取相同的立場。

於是，青少年時期自慰將招致身體停止發育、勃起障礙、男性不孕，嚴重時將導致腦力衰退，在精神上也會罹患「沉鬱病」的觀念，也延續到大正時期的性教育。

相對於有害論的「自慰無害論」在大正時期誕生

到了大正時代（一九一二～一九二六年），對自慰的負面認知更是加速普及。當時流行「通俗性欲學」的觀念，由堪稱這方面大老的性科學家羽太銳治與澤田順次郎合著的《變態性欲論》（一九一五年發行），就把自慰視爲弊害，認爲自慰不僅會導致早洩與勃起障礙等生殖功能障礙，也會造成精神病、腦病、視力障礙與聽力障礙等。這個想法透過學校與教育者，進一步普及到教育現場。

不只自慰，就連買春也遭到禁止，因此年輕男性被剝奪了所有發洩性欲的方法，被逼到痛苦的窘境。

然而到了一九二〇年，山本宣治（生物學家）、小倉清三郎（性科學家）、北野博美（性風俗研究家）、丸井清泰（精神科醫師）等人開始主張「自慰無害說」。我非常尊敬的山本宣治在擔任同志社大學講師時，撰寫了一本《人生生物學小引》（一九二一年發行），裡面寫到「自慰無大害」，並且爲了驗證其正確性，在一九二四年進行性實況調查，發現二十歲的男性93％有自慰的經驗，他也在日後撰寫的許多論文中持續主張「自慰無害」。

我是公認的鼓勵自慰派，如果要說我與山本宣治有什麼不同，那就是山本雖然主張「自慰無害」，卻並未「鼓勵自慰」。同樣地，北野博美也在著作中提到「過度的自慰有害」。丸井清泰醫師也一樣，他在著作中寫道「（自慰）絕非值得讚賞的行爲，當然也不應推薦」。

因此，主張自慰無害卻不推薦，甚至認爲過度自慰有害的這些知識份子，也可說是採取「微有害論」的立場。

由此可以一窺大正時期的男學生，儘管抱持著罪惡感，卻爲了平息高漲的性欲而悄悄自慰的光景。

推崇將性欲昇華的昭和性教育

從主張自慰「有害！」並嚴格壓抑的明治時期，到主張「雖然無害但不推薦」的大正時期，這種對自慰的態度逐漸緩和的趨勢，就這樣延續到昭和時期。

社會衛生學的專科醫師星野鐵男在一九二七年撰寫的性教育書《關於性教育》中提到，「即使八成、九成的男性都曾有這樣的習慣，還是壞習慣」，以及「曾有聰明的孩子染上自慰的惡習，成績從此一落千丈的例子」。

另一方面，精神分析學家大槻憲二則在《續・戀愛性欲的心理與分析處置法》（一九四〇年發行）中提到，相較於買春，自慰是「青少年處理性欲最合理的方法」。

儘管對於男性的性欲依然留有強烈的負面印象，但「自慰總比買春好」的趨勢，也因一九五六年制定，並於隔年實施的「賣春防治法」而更加明確。畢竟從明治時期延續下來的性管制，主要目的原本是為了保護因買春而染上性病的青年，而自慰總比買春更不容易染上性病，可說是教育界與醫學界的共識。

話雖如此，由教育界領導的性教育，當時仍未正式認可自慰。戰後的性教育，從一九四八年整理出來的「純潔教育基本要項」開始，略早於賣春防治法。要項中明確記載「在環境中避開性刺激」以及「帶領學生享受運動競技及趣味娛樂，幫助他們轉換性的意識」等指導法。這種想辦法以其他形式轉移、紓解性欲的指導內容，完全可說是承襲了「睡著的孩子就讓他睡」的態度。

後來這樣的趨勢更加強化，文部省在一九六三年出版的《性與純潔》中，就明確開始使用「性的昇華」這個詞彙，意思是透過運動及藝術活動等建設性地消除性欲。而後，以孩子為對象的性教育手冊《中學生與青春期——男子篇》（一九六六年發行）、教師用解說書《純潔指導》（一九六八年發行）與《關於學生的性指導．中等．高等學校篇》（一九八六年發行）等，也都記載建議以「性的昇華」取代自慰的教育方針。

不過，一般社會對性的認知大幅轉變。一九六〇年代左右，重視處女性及處男性的「婚前禁止性行爲」，與「只要彼此相愛，婚前性行爲也無所謂」這兩種認知開始並存。由此可見，個人的選擇比社會規範更重要的價值觀正逐漸普及。

伴隨著這樣的價值觀，書籍與雜誌開始出現「容許自慰」的趨勢，也有多名醫師開始否定性欲的昇華，認爲「自慰不可能過頭」以及「性欲無法透過運動排解」等。

到了這個時候，對於男性性欲的負面印象終於淡去，能夠毫無顧忌地發洩性欲的環境逐漸誕生。

接著到了一九七九年十月，日本性教育協會發行的專業期刊《現代性教育研究》中，也清楚地描述自慰的效用。自慰無論就控制性欲而言，還是就正面看待自己的性而言，都是必要行爲的觀念，終於逐漸成爲主流。

然而，直到二十年後的二〇〇〇年代，「只要健康，無論男女都不需要煩惱自慰的次數」才終於寫進國中的教科書裡。

所需的全新內容

明治時代從西洋引進的「自慰有害論」，花了約一百多年才一掃而空，自慰終於被視爲一件不需要顧慮的事情。

儘管如此，就如同前面所說的，學習正確自慰方法的機會依然不充分。因爲錯誤的自慰方式成爲習慣，導致罹患性交射精障礙的男性有增無減的現象，也清楚顯示出這點。

不少人對於避孕及性病防治依然抱持著錯誤的認知並採取錯誤對策。即使成年男子，因爲知識不足而引發問題的情況也不在少數。

除此之外，近年來因爲看太多 A 片，使得健康狀況與性生活受到影響的「成人影片成癮」現象，也成爲逐漸擴大的隱憂。

因此，我認爲包含自慰方法也詳細指導的網羅式性教育逐漸成爲必要。而本書到此爲止介紹的「射精道」，就是性教育所需的全新內容。

近年來，性教育的一般書籍成爲暢銷書，也成爲許多媒體介紹的主題。不只教育從業人員，許多家長也開始認眞考慮家庭內的性教育。

除了書籍之外，最近也可以看到許多性教育的專門網站。我自己也在 TENGA HEALTHCARE 公司經營的，以性爲主題的網路媒體「SEICIL」（https://seicil.com/）回答年輕人關於性的煩惱。

現代有許多取得性的正確知識的管道，可以選擇自己容易取得的來源。

此外，也常有家長詢問「性教育從什麼時候開始比較好呢？」我總是回答「孩子主動詢問的時候就可以開始」。雖然內容也有影響，但我覺得在孩子還沒什麼興趣的時候，家長也沒有必要特地去教。只不過，關於私密部位的意識，家長就必須在孩子還小的時候，趁著洗澡等機會告訴他們。

逛動物園的時候，偶然撞見動物正在交配，於是孩子們就問「牠們在做什麼？」……類似的狀況常會遇到。這時候，請在回答時自然而然帶到懷孕的機制。

爲了避免在這時陷入慌張，請先做好「如果孩子問到，該如何回答」的準備。我也建議夫妻之間事先討論，以便到時候能夠毫不尷尬地用若無其事的態度，毫無保留地說明。

附帶一提，我家在孩子們的青春期，就各發給他們一本國高中生用的性教育書，方便他們在好奇的時候，不需要顧慮任何人，就能自己查閱在意的部分。

此外，即使不直接拿給他們，也可以把自己覺得不錯的性教育書，放在全家共用的書架上。這麼一來，孩子們就能在感興趣的時候，自己拿起來學習。

第 8 章

正確的陰莖保養

——從包莖到疾病的分辨方法

正確保養男子之魂——陰莖（刀）

我在本章將以泌尿科專科醫師的身分，傳授保養陰莖的正確方法。

就現狀來看，關於保養陰莖的正確知識並未充分普及，因此產生了各種誤會。譬如「包莖太尷尬了」「陰莖愈大愈能讓女性舒服」「龜頭上有一粒粒的小疹子……該不會是生病了吧？」等。

不少男性受到來自雜誌與網路的這些五花八門的資訊擺佈，在暗地裡煩惱。其中甚至還包括有配偶的中高年男性。

本章將依序解開這些誤會，我想只要讀過一遍，就能具備保持陰莖健康的必要知識。

長陰毛之後，養成將包皮推開清洗的習慣

青春期男性最常見的煩惱是「包莖」。

包莖大致可分成兩種，一種是陰莖前端（龜頭）被包皮包著，勃起時包皮後退並露出龜頭的「假性包莖」；另一種則是即使勃起，包皮也依然包著龜頭的「眞性包

莖」。

日本的成年男性約六到七成屬於假性包莖，因此極爲普遍，但依然有許多人對包莖感到難爲情，尤其是中高年男性。

這是因爲一九八〇年代，刊登於雜誌廣告欄位的「包莖不衛生」「女性厭惡包莖」與「包莖遜斃了」等標語風靡一時，許多男性都曾看過。

但實際上，假性包莖極爲一般，既非疾病也非異常。其證據就是，歐美將包莖視爲預設狀態，露出龜頭的陰莖則是執行了割禮（基於宗教等因素，在幼時切除包皮的儀式）。就健康面而言，包莖也不會妨礙性行爲，因此完全沒有必要動手術。

最近「假性包莖很常見」已經成爲普遍認知，因此年輕族群中很少人會特別覺得尷尬，診間裡即使包皮沒有褪下也毫不在意的人變多了。

至於眞性包莖則無法將包皮推開清洗，因此龜頭與包皮之間容易累積「恥垢」而變得骯髒，進而引起「龜頭包皮炎」。倘若龜頭包皮炎反覆發生，包皮將會變硬，包皮環變得狹窄，導致尿液不易排出。這種慢性龜頭包皮炎也會造成陰莖癌與腎衰竭，因此如果反覆發炎，可考慮動手術切除包皮，而這種情況的手術也適用保險。

還有一些假性包莖的人，雖然包皮能夠褪下，但由於包皮環狹窄，在褪下的狀態會因爲有點緊而疼痛。如果是這種類型，包皮一直維持在褪下的狀態可能會造成嵌頓型包莖。所謂嵌頓型包莖指的是狹窄的包皮環與龜頭之間的包皮腫脹，導致包皮無法回到原位，有時也必須進行外科處置。

即使是眞性包莖，也不一定需要動手術。只要進行後面將會提到的推推體操（自己推開包皮的練習），幾乎都能變成假性包莖。

包莖時的保養重點在於清洗方式與推推體操

龜頭平常被包皮包住，但如果包皮能夠推開，請確實推到下方，再輕柔地抹上低刺激性的肥皀並沖洗乾淨。尤其龜頭根部的冠狀溝容易藏汙納垢，清洗時請務必仔細。各位或許會覺得「這不是理所當然嗎？」但其實沒有確實清潔的人出乎意料地多。甚至還有患者在因爲引起龜頭包皮炎而前來看診時，才終於知道清洗陰莖的必要性。而且陰莖沒洗乾淨不僅會發炎，還會散發臭味，所以請務必平常就注意清潔。

眞性包莖可以在洗澡時練習推開包皮。將包皮推開到露出一定程度的龜頭後再推回去算一次，反覆二十次算一組，這就稱爲「推推體操」。

基本上早午晚一天三組，除了洗澡之外，也可以在上廁所或自慰時練習。

剛開始不需要推到龜頭完全露出，疼痛時也無需勉強，反覆推到自己的極限再推回來即可，這麼一來就會愈推愈容易。只要確實地持續練習，即使是眞性包莖，也只要大約三個月，就能使包皮環變鬆，包皮也能自由推動。

倘若不管自己再怎麼努力都無法做到，建議去掛泌尿科，或是前往關於男性健康的醫療機構諮詢。先在包皮環上塗抹類固醇軟膏，再進行推推體操會更有效。

至於青春期前的孩子是否需要褪開包皮，意見則分成兩極，而我認爲「不需要勉強」。孩子的包皮多半緊貼龜頭，如果硬要在這段時期推開，可能會導致孩子經歷可怕的疼痛，因此並不建議。包皮環在成長過程中會隨著陰莖擴大，90%以上的男性進入青春期後，包皮都變得能夠褪開，龜頭也會露出來。

雖然生理性包莖的兒童不需要褪開包皮，但如果龜頭包皮炎反覆發生、排尿時包皮前端鼓得像氣球一樣，導致排尿異常或尿道感染，建議搭配類固醇進行推推體操。

但必須告訴孩子，推開包皮之後一定要恢復原狀。幼兒期即使將包皮環推開，包皮環多半也依然狹窄，如果維持推開的狀態，可能導致前述的嵌頓型包莖，所以包皮請務必推回原本的位置。

性行為與自慰後的清潔

性行爲與自慰之後都能用肥皀輕輕洗淨最理想。雖然沒有必要在完事之後直接去浴室，但至少不要放置一天以上。

使用保險套或潤滑液時也一樣，如果成分一直附著在陰莖上，可能導致乾燥發炎。即使是「對肌膚無害」的成分，也請勿讓陰莖長時間處在未洗淨的狀態。

陰莖的疾病與分辨方式

陰莖疼痛搔癢、發紅或是起疹子……出現這些異常的時候，必須立刻前往最近的泌尿科看診。

接下來將介紹較爲常見的陰莖疾病，請各位參考。

①龜頭包皮炎

包皮紅腫、疼痛就是龜頭包皮炎。

這是眞性包莖容易引起的疾病，但也有一些是在做愛、口交或自慰時弄傷陰莖，導致傷口受到細菌感染所引起的。嚴重發炎時，也可能伴隨糜爛（皮膚與粘膜的表皮破損，導致下方組織露出的狀態）與潰瘍。

治療方式是塗抹含有抗生素的軟膏。症狀嚴重的時候，也會配合導致發炎的細菌，一併使用抗菌藥或抗眞菌藥治療。不建議憑自己的判斷使用市售藥物解決，畢竟有些造成發炎的細菌也與性伴侶有關。

②尿道炎

倘若出現排尿疼痛或尿道流膿等症狀，則可能罹患「尿道炎」。

尿道炎分成由性傳染病引起與非性傳染病引起，而處在性活動期的男性，絕大多數都是由淋菌與披衣菌造成的性病所引起。

淋菌在感染後的數天（兩～三天），就會出現排尿時劇烈疼痛（彷彿將燒紅的火鉗插入尿道般疼痛）的症狀。尿道流出黃白色的膿，經常會弄髒內褲。如果置之不理，可能會引起前列腺炎、附睪炎，但因爲非常疼痛，應該會很想立刻就去看醫生吧？

由於淋菌具有抗藥性，內服的抗菌藥沒有效果，必須以注射的方式投藥。

至於披衣菌感染則會在感染後的一～二週，從尿道排出透明的尿道分泌物（膿），或是有輕微排尿疼痛的自覺症狀，但也可能幾乎不會疼痛，所以或許會因爲置之不理而導致上行性感染，引起前列腺炎及附睪炎，或者在不知情的情況下傳染給性伴侶。而女性甚至可能因爲感染披衣菌而導致輸卵管發炎，造成不孕症。

定期進行婦科檢查的女性先發現感染，無症狀的男性性伴侶聽了之後才接受檢查的案例也不在少數。

雖然披衣菌的抗藥性不像淋菌那麼強，但治療的抗菌藥物依然以注射投與爲主流。

③陰莖上的各種疹子——腫瘤性病變的分辨方式

雖然大家都沒有說出口，但因爲「陰莖上有小疹子」而煩惱的人出乎意料地多。最具代表性的是「珍珠樣丘疹」與「福代斯斑點」。

珍珠樣丘疹是沿著龜頭冠狀溝成排生長的，白色～褐色小疹子，大小約 1 mm。20～40％的日本男性身上可以看到這樣的生理變化，有些人很明顯，有些人不明顯，也有一些人的丘疹逐漸變小最後消失。這並非傳染病，因此不需要治療。

至於福代斯斑點，則在陰莖包皮的各處都能見到。這是從外部看見局部增生的脂線的狀態，屬於一種生理變化。雖然看起來像是黃白色的小疹子，但是也沒有問題。

珍珠樣丘疹與福代斯斑點基本上不會變大或突然變多，也完全不需要治療，但遺憾的是，有一些不肖診所會以「疑似菜花（尖圭濕疣）」爲由而建議動手術，必須注意。

如果疹子大小爲2～3mm以上，而且變多或變大，就很有可能是疾病，必須小心。

最常見的疾病是「尖圭濕疣」。這是由人類乳突病毒（HPV）感染而長疣的性病，男性不只會長在龜頭、包皮，也可能長在肛門周圍或口腔。就算剛開始只是小疣，置之不理也會變大、變多。其外觀相對多樣，有些類似軟性疣，有些則看起來則像雞冠。但長在龜頭的菜花狀物體即使看起來像疣，也可能是陰莖癌，請務必前往醫療機構檢查。

此外，若龜頭與包皮糜爛、潰瘍，則可能是疱疹與梅毒，但請先懷疑疱疹的可能性。

如果在龜頭與陰莖發現浮腫的水泡，而且疼痛搔癢，就必須懷疑是「生殖器疱疹」。疱疹病毒也會侵入體內，導致發燒。生殖器疱疹就和嘴唇等部位的疱疹一樣，一旦感染，就有可能不斷復發。

治療方式以服用抗病毒藥物爲主。但即使不進行治療，第一次發病約兩～三週，復發約一～兩週也能自然痊癒。

至於梅毒則是無症狀但傳染力非常強的性病，近年感染者數以都市地區爲中心爆炸性地增加。除了一般的性行爲之外，口交與肛交等也會因爲接觸到感染者的體液或血液，而透過粘膜及皮膚傷口感染。

遭到感染的部位，首先會出現不痛的腫塊，並且很快就會變成潰瘍。特徵是外表看起來很痛，實際上並不會痛。雖然一個月左右就會自然消失，但其實只是病菌轉移到體內。其可怕之處在於，如果置之不理，幾個月之後就會在全身長出各種皮疹。及早去看醫生，接受抗菌藥治療非常重要。

勃起障礙的原因與治療法

無法獲得足以帶來滿足性行爲的充分勃起，或是無法維持勃起的狀態持續或反覆發生，就稱爲「勃起障礙（erectile dysfunction, ED）」。勃起障礙與射精障礙都是男性不孕症的原因，其患者有逐年增加的傾向。

勃起障礙的患者人數一般而言隨著年齡增加。很多案例在六十五歲之後發病，現在已經知道，七十多歲的日本人71%以上罹患中度到完全的勃起障礙。

然而，最近的研究也發現，未滿四十歲的男性發生勃起障礙的比例增加了。而且年輕世代罹患勃起障礙的原因，有一項很大的特徵。

根據土耳其的報告發現，四十歲以上的勃起障礙患者（四二二人）中，心因性占40.7%，器質性占59.3%，反之，四十歲以下的患者（五二六人）中，心因性占85.2%，器質性占14.8%。

換句話說，年輕世代的勃起障礙，絕大多數屬於心因性。

其典型就是第 4 章介紹的「排卵日勃起障礙」。換句話說就是晨勃沒有問題，自慰時也能勃起，就只有在排卵日前後從事性行爲時無法充分變硬……畢竟如果懷著「今天絕對要做到（射精）」「如果中途軟掉該怎麼辦」的緊張感與不安感，就會導致勃起困難。

想要改善這種情況，除了服藥治療之外，同時接受諮商也很重要。

此外，爲了消除不安、建立自信，也不能忽略充實性知識。因爲缺乏自信的背後，通常有著「關於性有很多事情不了解」的心態。

畢竟不懂的事情會讓人感到不安，所以請透過書籍與網路媒體等，貪婪地吸收關於性的知識。

至於器質性勃起障礙的原因，則多半是動脈硬化。因此，容易導致動脈硬化的糖尿病與高血壓等，就很有可能併發勃起障礙。

糖尿病患者35～90％、高血壓患者約70％同時罹患勃起障礙，而且容易演變成重症。如果因高血壓而服藥治療，也可能是受到藥劑影響。

除此之外，慢性腎臟病、腦中風等神經疾病、肥胖、呼吸中止症候群、男性荷爾蒙低落等，也是引發勃起障礙的原因。

治療勃起障礙的優先選擇是服用ＰＤＥ５（第五型磷酸二酯酶）抑制劑的藥物療法。

日本目前允許使用的ＰＤＥ５抑制劑包含以下三種，其作用和機制皆相同，當腦部向陰莖傳達性興奮時，會因血管擴張物質（ｅＧＭＰ）的運作增強，而加強勃起。

①學名：Sildenafil citrate　**商品名：威而鋼**（Viagra）、Sildenafil

世界最早的勃起障礙治療藥。根據報告顯示，對於76％的勃起障礙患者具有療效。藥效在服用後的三十～六十分鐘發揮出來，持續時間約四小時。對於改善心因性勃起障礙的效果特別好。

②學名：Vardenafil **商品名：樂威壯**（Levitra）、Vardenafil

根據報告顯示，對於69％的勃起障礙患者具有療效。服用後30分鐘發揮藥效，持續時間約四小時。拜耳公司在二〇二一年十月宣布停止製造、販賣樂威壯，目前市面上流通的只剩下學名藥。

③學名：Tadalafil **商品名：犀利士**（Cialis）、Tadalafil

服用後三十分鐘發揮藥效，持續時間約三十六小時。藥效能夠長時間持續是最大特徵。根據報告顯示，對於41～81％的輕度、中度勃起障礙患者具有改善效果。

治療勃起障礙務必請醫療機構開立處方

「威而鋼對心臟不好」的傳聞曾流傳過一段時間，但這樣的認知並不正確。因爲威而鋼原本開發的目的是治療狹心症，具有擴張血管的作用，眞要說起來應該是不會傷害心臟的藥劑。

眞相應該是原本心臟就有問題，從事性行爲程度的運動就會導致狹心症發作的人，在服用威而鋼並從事性行爲後發病吧？實際上，威而鋼對於沒有心臟疾病的人不會造成任何不良影響，只要小心避免與禁止併用的藥物同時服用，大致上都安全無虞。

必須注意的是走私ＰＥＤ５抑制劑的狀況。ＰＤＥ５抑制劑原本需要醫師處方籤才能取得，但也有人爲了想要盡可能以便宜的價格購買，而透過網路等管道走私。

海外購物網站等能夠輕易取得的，聲稱是ＰＤＥ５抑制劑的藥物，多半含有假藥。假藥中含有與正規品不同的成分等，可能損害健康甚至導致死亡。

各位必須知道，目前於全球六十個國家都發現假藥，而且網路上流通的ＰＤＥ５抑制劑半數以上是假的。危險性非常高，絕對不建議。

第 9 章

女性與射精道——

射精道並非男性專屬

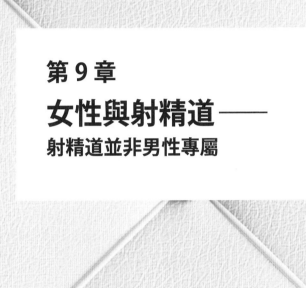

射精道就是高潮道

武士道原本是武士階級的倫理、道德規範等基本思想，其精神廣泛滲透到日本人全體。全世界的人都稱讚，日本國民在三一一大地震中展現的有節度的行動與奉獻般的自我犧牲，正是不折不扣的武士道精神。由此可知，武士道的精神至今仍深深根植於日本人心中。

同樣地，我認爲仿效武士道的「射精道」，其實是與性別無關的思想。

本書開頭提到，射精道是「天生具有陰莖、在性生活中使用陰莖的男性的行動規範」，用這句困難的表現將射精道侷限於男性，但換個簡單的說法，射精道也是「爲了在遵守社會規則與法律的情況下，以愉快的心情享受充實的性生活，將該做的事情與不該做的事情以教條方式呈現」。因此「射精道」換句話說就是「高潮道」，就根本來看不只是專門寫給男性的思想，也是寫給女性的思想，如果更進一步來看，甚至是寫給全體擁有性生活的人的思想。

根據日本性科學會性研究會的調查，對於是否在性行爲中得到高潮等肉體滿足感的問題，回答「總是有得到」與「通常有得到」的男性約八成，但女性就只有六成。

反之，回答「得不太到」與「得不到」的男性約一成，女性卻有三成，是男性的三倍之多（**資料**25）。

我認為女性對高潮缺乏執著、積極享受性行為的意識低落，或許就展現在這樣的結果上。

我常聽女性表示「我害怕自己主動求歡會被認為很淫亂」，或是「性行為時希望完全由男性主導」等，但不需要因為「性欲強大」而感到羞恥，「性行為時處在被動立場」也不是女性的專利。從事性行為的時候，無論男女都應該由性欲強，或是性經驗豐富的一方主導，性經驗少的一方配合，才會比較順利吧？

雙方都必須享受性行為。舒適的性、彼此都能獲得高潮的性，需要靠雙方的努力與合作才得以成立。自己的高潮不止是自己的愉悅，也是對方的喜悅。無論男女，都應該貪婪地追求高潮。

必須注意的是，不能只為了追求結果而忽略中途的過程。這麼說或許聽起來矛盾，但不是只有高潮，來一場彼此都舒服、充分滿足的性愛也同樣重要。

第4章「備孕篇」也稍微提到，備孕中的男性即使下班後累得半死，也依然會被同樣疲於工作的妻子要求一定要射精，而且還要「速戰速決」。就算覺得「自己好

資料25　性行為的滿足度

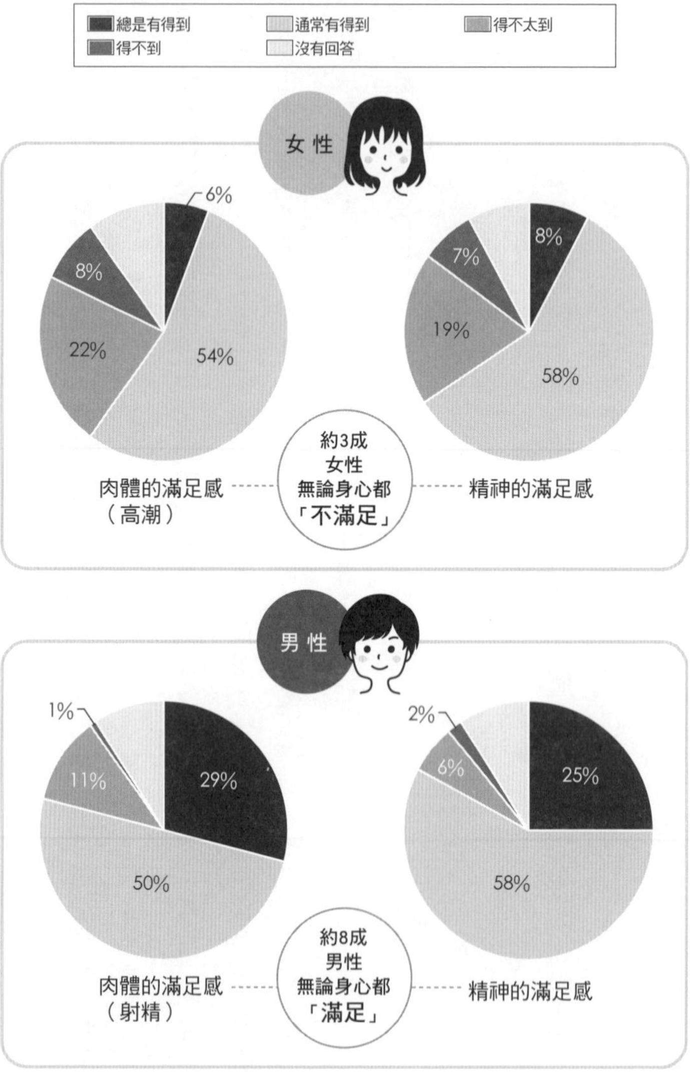

出處：日本性科學會性研究會「性行為的精神滿足度」調查

像種馬」，也還是每次都必須在指定的日子射出來。像這種爲了懷孕的性愛，往往忽略享受與品質，我認爲這就是排卵日勃起障礙的最主要原因。

男性的射精直接關係到男性的高潮，但女性的排卵卻與女性的高潮完全無關。所以站在女性的角度，爲了懷孕的性愛即使隨便或不舒服也無所謂。如果女性也必須高潮才能排卵，想必也會更努力地爲了得到高潮而投入性愛吧？

此外，如果認爲性行爲必須由男性主導，由對方包辦一切，往往也會忍不住答應對方無理的要求，或是允許避孕意識低落的男性不戴套。

性行爲並非專屬於男性，女性也必須主動，擁有從性愛中獲得滿足的企圖心，而這樣的認知也能夠保護自己。

首先充分了解自己的身體

雖然我專看男性的性功能障礙與不孕症，但也經常有人找我看女性的性功能障礙。她們的問題幾乎都是性交疼痛與性嫌惡症，而當我爲這些抱持著性愛問題的女性看診時，總是覺得她們並沒有充分了解自己的身體。

我認爲從事性行爲時，不只男性，女性也必須具備「心・技・體」。當我去國高中上性教育課的時候，發現不少女生連自己的生理週期都搞不清楚。但了解自己的生理週期不只是爲了避孕，也是爲了保持健康，所以請務必記在腦海裡。

不了解自己的身體，也不了解男性的身體，甚至連性行爲都懵懵懂懂，這樣的無知可能招來非預期懷孕與性病，甚至成爲性犯罪的被害者。

當伴侶要求不戴套的時候，如果能夠用「我現在是危險期」，或是「不戴套對彼此都有風險」等果斷拒絕，對方也無法再提出無理的要求。

此外，爲了獲得舒適、滿足的性愛，女性能夠做的第一件事，就是充分了解自己的敏感帶。了解自己的哪個部位被如何刺激會覺得舒服、更容易獲得高潮非常重要。因此也可以和男性一樣，反覆進行以性愛爲目標的自慰練習。

女性的敏感帶相較於男性更多樣，如果一做愛就插入，或許就很難知道。平常就先了解各部位被如何撫摸會覺得舒服、更容易高潮，對於性行爲也一定有幫助。

有些人會把「一點也不舒服」歸咎於對方「技術不好」，但如果自己知道怎麼做會舒服，那只要主動引導對方即可。

爲此必須自己撫摸身體的各個部位，摸索覺得舒服的強度與時間。這點非常重要，因爲只要確實掌握，在做愛的時候自然也能夠告訴伴侶吧！

女性的自慰

各位讀到這裡想必也知道，無論男女，「射精道」都鼓勵自慰。然而在男性之間相當熟悉的自慰，在女性之間卻很少被提及。或許因爲很多人都覺得羞恥吧？

根據二〇一八年以十八個國家，一三〇三九人爲對象的「自慰世界調查（TENGA Global Self-Pleasure Report）」，一千名日本男女（男性四八三人，女性五一七人）當中，回答「有自慰過」的男性爲96％，女性爲58％。

而有過自慰經驗的比例，在十八個國家當中，日本男性排名第五，名次相當高，但日本女性卻排名第十三，低於世界平均。至於男女都排名世界第一的則是巴西（男性98％，女性83％），似乎符合印象。

而有過自慰經驗的日本女性，每月會自慰一次以上。每週一次以上的女性占17％，平均頻率是每週三點六次。

遺憾的是，自身性生活滿意度綜合指標「Good Sex Index」顯示，日本的平均滿意度在世界十八個國家中敬陪末座（37.9 pt）。而第 4 章「備孕篇」**第 9 條**也引用過的，杜蕾斯公司的「全球性生活調查（二〇〇五年）」也顯示，日本人的性生活滿意度只有24％，遠低於世界平均44％，因此日本人的性生活滿意度低似乎是不折不扣的事實。

其實我想出「射精道」的其中一個理由，就在於想要「提高性生活的滿意度」。我在第1章到第8章，透過射精道介紹關於男性性生活的心法，但我希望無論男女老幼都能藉由鑽研射精道，擁有高度滿意的性生活。

不過，只有男性鑽研射精道是不夠的，女性也必須爲此進行必要的準備與努力。女性自慰比例高的巴西及墨西哥，在滿意度方面也獲得極高的排名（巴西第三名，墨西哥第二名），因此我推測提升日本人性滿意度的關鍵之一，就掌握在日本女性的自慰普及率手上。

沒錯，日本需要的是女性自慰解放運動。

大家往往以爲，女性對於戀愛及性愛比男性積極，但就我的印象來看，實際上沒有太大的差距。根據我自己的調查（非公開數據），無論男女，都是二成貪戀性愛，六成還算喜歡性愛，或是硬要說的話偏向喜歡，至於剩下的二成則是不太喜歡或沒有興趣。

貪戀性愛的女性，想必就算不鼓勵也會自慰，至於不喜歡性愛，或是沒什麼興趣的女性，不自慰也無所謂。但如何爲那六成推測還算喜歡性愛，硬要說的話偏向喜歡的女性，營造能夠無拘無束自慰的環境，我想就是日本現在的課題。

不只男性，女性也具備充分的性知識，並且對性主動，想必就能擁有堅定穩固的心靈，獲得豐富且滿足的性生活。而這就是本書想要傳達的，女性的「射精（高潮）道」。

後記　構思十年寫出本書

人生在世，有三分之一的時間都在思考性事。

人類有三大欲望，分別是食欲、性欲及睡眠欲，我一直以來都是這些欲望的忠實僕人，盡可能地坦率接受並依此行動。這也是我的原則。

自我懂事以來到青春期爲止，都非常喜歡吃東西，醒著的時候，大多數的時間想的都是食物，這個也想吃，那個也想吃。譬如想像魯賓遜漂流到無人島時吃的海龜與海龜蛋的味道、或者讀著兒童百科事典時，思考「因爲好吃而遭到濫捕，最後瀕臨絕種的日本髭羚，都是用什麼樣的方式烹調呢……」等。一天三餐以外的時間，也都一直在想「吃」的事，嚮往著未知的味道。

我每餐都吃到很飽（雖然現在已經不會這樣了），所以飯後——尤其是在晚餐後，總是感受到猛烈的睡意。如同前述，我一直以來都相對遵守「想睡就睡」的原則，因此學生時代相當辛苦。因爲與其熬夜不睡，頂著一顆睡眠不足的腦袋上場考試，我寧願在沒讀完的情況下倉促上陣也要睡飽。多虧如此，我現在依然像《哆啦A夢》裡的大雄一樣好睡。

前文中也提到，我在國中一年級時某個炎熱的夏日午後偶然發現一本A書，從此就爲我的性生活揭開序幕。雖然從父親的抽屜偷拿這本書讓我有罪惡感，但我更深信「這對我來說是必要的東西」。這眞的只能說是本能。然而，即便我對「性」有著強烈興趣，當時的資訊來源仍非常有限，詢問大人也幾乎是禁忌。

如果是關於食欲與睡眠的話題，與任何人都能夠討論，但關於性的話題卻讓人退避三舍，弄不好甚至會被當成變態，這讓我耿耿於懷。

無法好好吃飯，或是睡不好，都會很痛苦、不愉快，這時都能夠在許多醫療機構毫無顧忌地開口諮詢。

同樣地，「應該沒有比無法射精，或是變得無法射精更痛苦的事情了，這樣的人生難以忍受。但是，能夠諮詢這方面煩惱的醫療機構非常少。所以我要成爲能夠解決男性射精與性功能困擾的醫師」，這是我選擇成爲專門處理射精的泌尿科醫師的原點。

直到今天，依然很少有機會或空間能夠認眞討論、諮詢關於性的各種疑問及煩惱，難以營造這種機會與空間的氣氛也確實存在。現在這個時代，如果弄不好甚至會陷入被控訴性騷擾的窘境，或許也因此更難提起相關話題。

就在我思考該如何改變這樣的社會氛圍時，發現有必要對於執社會之牛耳的成年男性（不知是幸還是不幸，日本絕大多數是男性）提出呼籲。

我從大約二十年前開始從事性教育活動，而就如同本書中也介紹的，不少老師對性教育抱持著否定的見解。尤其如果校長或教務主任對性教育持反對意見，這間學校就無法進行充分的性教育。

因此，我爲了讓自己的呼籲能夠打動校長階級的成年（年長）男性，而開始思考如何將性教育與武士道結合。從我開始構思過了大約十年，終於寫出了這本書。

我最大的目的是讓所有年齡層會射精的男性，以及與他們分享射精的人閱讀這本書，認識射精教育的重要性。我的目標是讓校長、教務主任、學務主任能夠覺得「我們學校也必須趁著國高中生長大成人之前進行射精教育！」

除此之外，我還有一個野心，那就是提升自慰的地位（「自慰提升委員會」）。有些人或多或少覺得自慰「有罪惡感」或「很羞恥」，我希望社會氛圍能夠變得讓這些人能夠毫無顧忌、無拘無束地享受自慰的樂趣。我擅自將實現這個願望的活動命名爲「自慰解放運動」。而撰寫這本書，也是「自慰解放運動」的一環。大家聽到某某解放運動，通常都會想像聚集許多人，在大馬路上遊行宣傳的活動，但「自慰解放運動」不需要號召夥伴，也不需要高聲宣揚。只需要每一個人都成爲自慰提升委員，在各自心中改革，實行自我革命，不需要與他人比較或強力勸說。

我暗地裡祈禱著「自慰解放運動」能夠以「自慰萬歲！」「自慰勝利！」爲心靈口號，把這本書當成經典，緩緩地滲透到全國，接著拓展到全世界。

當然，也有人清心寡欲，幾乎沒有或完全沒有性欲。這些人不自慰也無所謂，也沒有必要自慰。欲望有個人差異，也並非以欲望的強弱決定好壞。如果沒有欲望，代表煩惱也少，或許反而更幸福。欲望無法靠自己的意志增減，所以不要與他人比較，我認爲接受原原本本的自己，就是享受人生的秘訣。

最後，射精道終究只是一種精神論，並不是宗教。我希望自己的立場能夠像把武士道推廣到全世界的新渡戶稻造一樣，而不是成爲教祖。所以我完全沒有成立宗教法人的意思，請勿見怪。如果射精道能夠像武士道一樣，自然而然根植於更多人心中，由父母傳承給孩子，由前輩傳承給後輩，是最理想的狀態。

我也夢想著總有一天，射精道的精神能夠在滲透到全日本之後，和武士道一樣被翻譯成各種國家的語言，讓其他國家的人對日本人的性生活刮目相看。

＊本書的參考文獻、參考書籍，請參照原文版。

國家圖書館出版品預行編目資料

射精道；男人必備，解決所有性事、性功能困擾／今井伸 著；林詠純 譯.
-- 初版. -- 臺北市：如何出版社有限公司，2023.05
240 面；14.8×20.8 公分. --（Happy body；195）
ISBN 978-986-136-657-9（平裝）
1.CST：性知識　2.CST：性教育

429.1　　112003931

Eurasian Publishing Group 圓神出版事業機構 用心與你對話・視野無限寬廣　如何出版社 Solutions Publishing

www.booklife.com.tw　　reader@mail.eurasian.com.tw

Happy Body 195

射精道 男人必備，解決所有性事、性功能困擾

作　　者／今井伸
譯　　者／林詠純
發 行 人／簡志忠
出 版 者／如何出版社有限公司
地　　址／臺北市南京東路四段50號6樓之1
電　　話／（02）2579-6600・2579-8800・2570-3939
傳　　真／（02）2579-0338・2577-3220・2570-3636
副 社 長／陳秋月
副總編輯／賴良珠
責任編輯／柳怡如
校　　對／柳怡如・賴良珠
美術編輯／李家宜
行銷企畫／陳禹伶・朱智琳
印務統籌／劉鳳剛・高榮祥
監　　印／高榮祥
排　　版／陳采淇
經 銷 商／叩應股份有限公司
郵撥帳號／ 18707239
法律顧問／圓神出版事業機構法律顧問　蕭雄淋律師
印　　刷／祥峯印刷廠
2023年5月 初版
2024年6月 2刷

定價 340 元　　ISBN 978-986-136-657-9　　